市政园林施工标准化手册

张永亮 冯继军 吴雯雯 ◎ 著

图书在版编目（CIP）数据

市政园林施工标准化手册 / 张永亮，冯继军，吴雯雯著. -- 呼伦贝尔：内蒙古文化出版社，2024.2

ISBN 978-7-5521-2409-5

Ⅰ. ①市… Ⅱ. ①张… ②冯… ③吴… Ⅲ. ①市政工程－工程施工－标准化－手册②园林－工程施工－标准化－手册 Ⅳ. ①TU99-62

中国国家版本馆 CIP 数据核字（2024）第053786号

市政园林施工标准化手册

张永亮　冯继军　吴雯雯　著

责任编辑　黑　虎
装帧设计　北京万瑞铭图文化传媒有限公司

出版发行　内蒙古文化出版社
地　　址　呼伦贝尔市海拉尔区河东新春街4付3号
直销热线　0470-8241422　　**邮编**　021008

印刷装订　天津旭丰源印刷有限公司
开　　本　787mm×1092mm　1/16
印　　张　12
字　　数　190千
版　　次　2024年10月第1版
印　　次　2024年10月第1次印刷
标准书号　978-7-5521-2409-5
定　　价　72.00元

前言

随着社会经济的不断发展，我国城市在实际建设和发展的过程中，也在逐步朝着多元化的方向发展。从客观角度分析，在对市政园林景观工程建筑进行全面施工的过程中，必须要全面贯彻落实标准化的施工模式，确保其适应实际的国家发展需求，以确保承担本工程的建筑企业不论是经济效益，还是社会效益均能得到同步的提升。基于此，本书系统对市政园林景观工程建筑施工标准化进行深入的分析和探讨。本书共分园林工程和市政工程两个部分，主要介绍了施工工序和每个工序的主控项，细化施工步骤，对施工工序中的工艺进行标准化阐述。从而便于工程技术人员参考及应用。

目录

一、园林工程……1
1. 施工前准备……1
1.1 了解工程概况……1
1.2 图纸会审……2
1.3 踏勘现场……4
1.4 基准点和地面线复测……6
1.5 开工前资料的准备……7
1.6 开工前策划……8
2. 绿化工程……9
2.1 土方施工……9
2.2 地形整理……13
2.3 整理现场……21
2.4 定点、放线……23
3. 树穴开挖……30
3.1 工具准备……30
3.2 树穴规格……30
3.3 栽植穴施工……31
3.4 主控项……33
4. 植物材料……35
4.1 规范要求……35
4.3 允许偏差范围……36
4.4 验收质量控制点……37
4.5 主控项……38
5. 苗木运输和假植……40
5.1 裸根苗木……40
5.2 带土球苗木……40
6. 苗木栽植前修剪……42

6.1 工器具......42
6.2 药品材料......43
6.3 修剪施工......43
6.4 修剪措施......46
6.5 修剪方式......51
6.6 几种辅助修剪手法......56
7. 苗木栽植......57
7.1 工器具......57
7.2 苗木吊装......57
7.3 苗木定植......58
7.4 乔木类栽植......59
7.5 灌木类栽植......61
7.6 地被栽植......62
7.7 花卉栽植......63
7.8 主控项......66
8. 苗木支撑......68
8.1 工器具......68
8.2 支撑材料......68
8.3 支撑方式......71
8.4 支撑选用与标准......76
8.5 支撑要求......79
8.6 主控项......80
9 苗木浇水......82
9.1 工器具......82
9.2 注意事项......82
9.2 主控项......83
10. 草坪建植......84
10.1 工器具......84
10.2 草坪铺植流程......84
10.3 场地整理......85
10.4 灌溉、排水系统......86

10.5 场地细平整 87
10.6 草坪与其他苗木搭接 87
10.7 草皮铺植法 88
10.8 草坪建植养护与管理 91
11. 花卉栽植 96
12. 水生植物栽植 97
13. 竹类栽植 98
14. 苗木组团搭配设计 99
14.1 园林搭配原则 99
14.2 园林植物组团种植过程中注意的问题 100
14.3 步骤图示 102
二、市政工程 108
1. 地基处理 108
1.1 场地清理 108
1.2 路基排水 109
1.3 特殊路基处理 111
2. 路基填筑 117
2.1 施工准备 117
2.2 基底处理 118
2.3 路基基床以下填筑 119
2.5 路床表面级配碎石施工 120
3. 基层施工 123
3.1 石灰稳定土基层工艺说明 123
3.2 级配碎石基层工艺说明 124
3.3 级配碎石填筑前准备 125
3.4 水泥稳定碎石基层工艺说明 128
4. 侧模工艺 131
4.1 工器具 131
4.2 施工流程 131
5. 沥青混凝土面层基层施工 136
5.1 摊铺及碾压施工工艺说明 136

5.2 施工缝控制……138
5.3 透层油施工……138
5.4 粘层施工……139
5.5 封层施工……139
6. 给水排水管道工程……140
6.1 土石方与地基处理……140
6.2 沟槽回填……144
6.3 开槽施工管道主体结构……147
7. PP-HM 排水管施工……154
7.1 管道基础……154
7.2 管道铺设……154
7.3 管道连接……155
7.4 管道与检查井连接……156
7.5 管道回填……156
8 .HDPE 排水管施工……158
8.1 管道基础……158
8.2 管道铺设……158
8.3 管道连接……159
8.5 管道与检查井的连接……160
8.6 管道回填……160
9. 人行道花砖铺装……162
9.1 工器具……162
9.2 施工流程……162
9.3 控制要点……166
9.4 质量要求……166
9.5 安全文明要求……166
10. 火烧板石材铺装……168
10.1 工器具……168
10.2 施工流程……168
10.3 控制要点……171
10.4 质量要求……171

10.5 安全文明要求 171
11. 水泥砼路面细部处理措施 172
11.1 工器具 172
11.2 施工流程 172
11.3 控制要点 178
11.4 质量要求 178
11.5 安全文明要求 178
12. 市政工程资料管理 179

一、园林工程

1. 施工前准备

1.1 了解工程概况

1.1.1 明确工程范围、主要工程量、工程结构形式、合同要求等；

1.1.2 做好现场测量控制桩、水准点的移交工作，并形成文件；

1.1.3 根据工程情况，预估工程所需的人、材、机情况等；

1.1.4 明确工程的造价和工期，了解施工难点和重点，掌握工程的总投资并预测总进度；

1.1.5 了解工程现场的地形、地貌、土质及周围植被生长情况、地上、地下情况，周边环境（主要单位、交通道路情况、周边人文环境等）及当地气候特征，明确影响施工因素；

1.1.6 可利用的资源分布情况（水源、电、空白仓储地等）。

不正确做法：不了解现场情况、不看合同条款、不做开工前桩点交接及原地貌测量，盲目施工，给后期计量、结算造成无可挽回的损失。

1.2 图纸会审

1.2.1 图纸会审表（见附表 1）

1.2.2 图纸会审时审查相应图纸的顺序及注意事项：

1、园林建筑部分：建（构）筑物平面布置在建筑总图上的位置有无不明确或依据不足之处，建（构）筑物平面布置与现场实际有无不符情况等。

2、园林小品部分：先小后大，首先看小样图再看大样图，核对在平、立、剖面图中标注的细部做法与大样图的做法是否相符；所采用的标准构配件图集编号、类型、型号与设计园林图纸有无矛盾；索引符号是否存在漏标；大样图是否齐全等。

3、园林图纸要求与实际情况结合：就是核对园林图纸有无不切合实际之处，如建筑物相对位置、场地标高，地质情况等是否与设计园林图纸相符；对一些特殊的施工工艺依据现场条件能否做到等。

4、应注意审查图纸与材料准备相结合，在对图纸进行详细审查时同时计算相关材料数量，既可以复核合同清单，也可以第一时间备料，还能加深对图纸的了解。最重要是能在第一次工地图纸会审时提交材料样板。

5、建筑平面布置在总平图上的位置有无不明确或与实际情况不符之处。

6、是否有已施工的管道及井口位于拟建园林水池内或穿越水池的管道标高高过池底的情况，并对后续进行的管道施工进行介入监督，同时应在开工前对场地内所有井口位置进行测绘，避免绿化填土时掩埋。

7、审查总图场地内的标高情况，利用环路闭合法复核标高。且同时复核场地内地面排水情况，及地面排水与雨水井的配合。

8、水池等构筑物的基础是否能满足设计要求，当水池基础为大面积回填土且沉降不充分时应及时与设计方及业主协商处理。

9、水池内钢筋的配置是否满足设计及规范要求，局部是否已加强。

10、图纸标注的防水方式是否合适，是否在泳池内采用了有毒性的防水材料，并留意防水材料与水池的沉降缝的搭接处理是否满足规范要求。

11、水池内的喷水雕塑，各类花钵的大小，比例搭配是否合适。

12、水池内石材是否已使用防泛碱处理，石材的通用采购厚度与设计标注厚度不同时，应及时在图纸会审时知会业主及监理。（石材通用厚度约比图纸标注少5mm）。对于天然色差比较大的石材，或本身通过石材纹理体现艺术效果的石材，如各类锈石等，应及时知会业主，到场材料与样本之间有存在差异的可能，并将双方达成的共识作好书面记录，避免材料到场后产生不必要的纠纷。

13、水电设备的配置是否合理，水泵设备的功率及灯光效果能否满足跌水效果的要求。特别是外置储水池容量的核算非常重要，产生的“抽空”现象将给工程带来无法修复的损失。

14、亭子等构筑物的基础及结构是否能满足设计要求。

15、当亭为钢木结构时，应当符合钢木结构荷载分配是否明确合理，钢构断面是否能满足受力要求，木材的防火，防腐处理。

16、注意各种石材饰面的颜色搭配，压顶厚度，石材收口形式是否合理。

17、整个场地内园路设置是否合理，简洁，道路是否主次分明，顺应流线，避免行人直接穿越绿化带。

18、需重点关注路面的排水状况，复核标高及路面坡度，不应形成积水区。

19、地面各种伸缩缝的分布，以及防止不均匀下沉的措施。

20、场地内所选用的苗木是否与业主或设计要求的景观风格接近。

21、图纸所标注的苗木是否适合当地气候，及场地内土壤。

22、应积极争取业主授权对施工方依据到达现场的苗木树形，苗木规格，生产习性进行局部的调整的权利，在不影响工程造价的情况下达到效果最佳。

不正确做法：图纸审查不仔细，施工前可以提前规避的风险，施工中可以提高效益的点都未提前发现，施工中发现图纸和现场不一致或图纸高程不一致，出现返工，增加施工成本，耽误工期。

1.3 踏勘现场

在施工前踏查现场时应重点掌握以下情况：

1.3.1 入场前

项目经理应组织工程技术人员、施工队长等亲赴施工现场，对施工现场和周围环境进行细致的现场勘察工作。了解施工现场的所在位置、现场状况、施工条件及需要建设单位提供和协调的有关事宜，以保证施工顺利进行。

1.3.2 地形地貌及地上物情况

应按施工图纸，向有关单位认真了解施工地段地上物的保留和处理要求。不具备施工条件或有施工难度的，应及时向建设单位提出，协商解决。原有树木需砍伐的，必须向有关单位申请办理移伐手续，获得批准后方可迁移或伐除。

1.3.3 地下管线和隐蔽物埋设情况

了解地下管线和隐蔽物的分布状况。要求建设单位提供相关地下管网竣工图，并对施工现场地下管线、管道、隐蔽物等位置进行查验。不能提供图纸的，应派人了解地下管线埋设位置、走向、深度等，并在图纸上加以标示。同时在施工现场设置明显标志，防止施工时不慎损坏管线或隐蔽物。

勘察地下管线和隐蔽物埋设情况

查看管沟土壤夯实情况，避免发生因管沟回填土未夯实，苗木栽植后出现土壤沉陷现象等。

核对设计施工图纸中标注的苗木栽植位置，现场情况是否与图纸相符，与栽植发生矛盾时，应向建设单位及设计人员提出，并妥善解决。

勘察现场是否与图纸相符

1.3.4 原土本底调查

了解施工现场地形地貌状况。按 500-1000m 设点做土壤剖面（深 1.5m），了解土壤类型、土层结构、土质分布；并按地表、20-30cm、50-60cm 取样（不少于 200g），分别测定土壤密度、腐殖质含量、总盐量及 pH. 根据专业技术部门测试数据确定土壤改良方案、换土和回填土方量。下雨时或雨刚过后不得采取土样，以免影响数据的准确性。

1.3.5 地下水情况

水质矿化度、pH、全年地下最高水位、年均常水位等。

1.3.6 交通状况

查看施工现场内外交通运输是否通畅，不便于交通运输的能否另辟路线，解决交通运输问题，以保证施工期间的畅通。

1.3.7 水源情况

施工场地有无水源、水源位置、业主单位提供的水源水质、供水压力等。临时水源 pH、矿化度等理化指标，是否符合树木生长需求。如水源条件暂时不具备，则应确定其他运水途径及灌水方式。

1.3.8 电源

落实电源所在位置、电压、负荷能力等。是否具备搭设临时线路的条件，能否保证人员及行驶车辆的安全。确定需要增添的相关设备及材料等。

落实电源所在位置

1.3.9 排水设施

排水设施是否建全，绿化排水是否通畅。凡雨水井尚未与市政管网系统相通或未建市政排水管网系统的，是否具备强排条件。

1.3.10 定点放线的依据

确定施工现场附近的水准点，及测量平面位置导线点的具体位置。

1.3.11 确定施工期间临时设施

如宿舍、食堂、库房、厕所、苗木假植地的位置。

1.4 基准点和地面线复测

1.4.1 设计交桩

进场前，建设单位或设计单位应在监理工程人员在场的情况下，向施工方进行现场交桩，提供基准点详细资料。

设计交桩

1.4.2 基准点实测

接到交桩资料后，在合同规定的期限内，项目部组织有关工程测量技术人员，对施工区域的各桩点坐标及水准高程进行复测。确认无误后进行交接，并办理交接手续。

1.4.3 设计高程与现场不符的，应提交设计单位及时进行复审。

1.4.4 对已接收的坐标网点和水准点，应进行妥善保护，并在经纬

仪手册和水准测量手册上注明其位置、点号和高程，以便施工引测，以此作为平整场地和工程定位的依据。

1.4.5 复测相关资料上报

基准点复测完成后，需将测量人员资质证明、测量仪器鉴定证书、复测原始记录、计算结果、精度评定等书面资料，及时上报监理单位审批。

不正确做法：不看现场，现场不具备条件，盲目安排机械等施工，造成成本浪费。

1.5 开工前资料的准备

在工程开工前，应提前准备好开工应提交的资料：

施工单位应编制施工组织设计（施工方案），应在工程开工前完成并与开工申请报告一并报予建设单位和监理单位。

1.5.1 开工前一周内编制完施工组织设计，并及时提交及施工计划；

1.5.2 确定是否报站，提前做好报站申请材料的准备；

1.5.3 开工报告、图纸会审、资质资料、投标人员资料的提交等；

1.5.4 开工前具体应准备的资料参照科室对项目部的内业资料交底。

不正确做法：开工前未认真查看图纸、现场，未认真组织编写施工组织设计，未认真编制检验批及检验计划，开工后匆忙应付了事，耽误实验，影响工期。

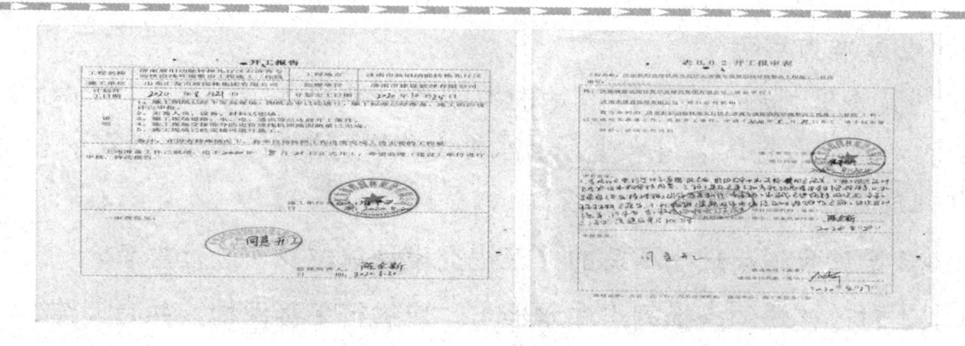

开工报告

表B.0.2 开工报审表

1.6 开工前策划

各项目部根据自身特点进行开工前的策划，包括施工组织策划、安全策划、合同策划、质量策划、进度策划、成本策划、利润点策划、工序施工前策划、样板段（区）策划等等。

1.6.1 策划要有针对性，根据自身项目特点、清单和图纸内容进行策划；

1.6.2 计划学习要根据施工进度，在工序开始前三天要组织深入学习该工序的主要工作内容，施工难点、重点，质量检查控制要点等；

1.6.3 施工组织设计策划，内容应按照《市政工程施工组织设计规范》进行编制，由项目总工编制，项目经理审核，报汇友工程部、材料设备部、安全环境部、成本核算部审核后再上传流程，避免出现回退；

1.6.4 单项工序的策划应根据工序的施工内容如苗木的栽植、修剪、支撑、栽植后浇水以及后期养护策划等。

2. 绿化工程

2.1 土方施工

2.1.1 所需工具器：水准仪、相机、铁锨、手推车、运输车、翻斗车、中、小型挖掘机、雾炮等。

大气检测仪雾炮

2.1.2 原始地貌测量及土方量确认

根据甲方提供的基准点进行原地貌测量，并根据开发商提供的现场标高和园林布局设计标高，计算实际回填数量，落实土方来源。若甲方未提供基准点，采用相对高程测量，并保护好高程点和过程点。

原始地貌测量及土方量确认

2.1.3 场地清理

首先，进场后按计划进度做好清场工作。在施工现场上，凡对施工有碍的一切障碍物如堆放的杂物、砖石块等都要清除。

翻除石块垃圾及各种废弃物料，清理地下暗埋混凝土及废弃石灰坑。工作区内如有坑洼积水，查明原因，预先将废物集中堆置，分期运至指定废料场地。注意地下电缆、光缆及管道，做好明显标记。

其次，按照甲方有关规定，结合苗木、草坪的生理特性和生态学特性及土壤立地条件类型，对施工现场进行清理整治，清除包括：需要清除的杂草、灰土、砾石、前期工程施工垃圾等杂物。清理完毕自检合格后，报请监理工程师验收并继续进行工。

2.1.4 标高测设

仪测现场地形高程，并对比设计地形高程，计算渣土清除厚度、回填种植土量，每次测量必须报请监理、管理公司及业主复测。

标高测量

2.1.5 清运渣土

本渣土清运是指把比较集中、量大的渣土倒运到指定位置。施工过程采用机械化作业，整个过程做到文明施工，及时清理施工现场和交通路面，并定期用洒水车洒水以防止扬尘污染。

清运渣土

2.1.6 土方平衡

首先对规划施工范围(红线)进行复测，在施工现场建立统一的平面控制网和高程控制网，以此为基础，根据施工内容划分局部进行定位。根据施工区域地下、地上构筑物，进行施工现场坐标方格网的复测、加密和水准高程的重新布置。

1、土方放线：在清理合格的现场，严格按照图纸设计或监理工程师指导，用测绘设备进行放线，确定施工范围、施工布局、挖填土方的标高等。

2、平整地放线：采取方格网控制法，根据图纸设计要求，用全站仪或水准仪将方格控制网放设到地面上，交叉点位立桩，标明设计标高。

3、自然地形放线：先用网格法，确定挖湖堆山的边界线，再将设计地形等高线和方格网的交点，标注在地面上，木桩标明桩号(施工方格网上的编号)，用水准仪把已知水准点的高程、施工标高，填土用“+”、挖土用“-”，标注在木桩上，对于复杂或较高的地形，可分层放线设置标高桩。在堆完第一层后，设第二层各点的标高桩，依次进行至坡顶。

测放线时，应及时复查标高，以免出现差错造成返工。为避免堆山时土层埋没标桩，故所用木桩长度应大于每层填土的高度。木桩标示要准确、明显、持久。地形处理放线完毕，自检合格后，报请监理工程师验收。

2.1.7 种植土回填

施工流程：倒运栽植土→回填栽植土→栽植土平整。

1 标示绿地完工设施井的位置

回填栽植土前，绿地内的各种井应设木桩标示，以免回填客土时不慎填埋，给日后管网检查、维修等带来不必要的麻烦。

2 栽植基础严禁使用含有有害成分的土壤，除有设施空间绿化等特殊隔离地带，绿化栽植土壤有效土层不得设有不透水层。

3 回填土需尽量使用适合园林植物生长的熟土回填（如壤土），并要保证土源理化性能良好。若回填开槽生土，则须加适量的草炭土等进行土质改良。

4 栽植区域应按照设计要求，全部或局部更换专用栽植土。对局部更换的栽植土，必须满足园林植物生长所需的最低栽植土层厚度。

园林植物生长必需的最低土壤厚度

植被类型	草本花卉	草坪、地被	小灌木	大灌木	浅根乔木	深根乔木
土壤厚度(cm)	30	35	45	60	90	150

5 栽植土 PH 值应符合本地区栽植标准或按 pH 值 5.6–8.0 进行选择，土壤含盐量应为 0.1%–0.3%，土壤容重应为 1.0g/cm3–1.35g/cm3，土壤有机质含量不应小于 1.5%。

6 土方回填时需用经纬仪测定位置，用水平仪测出标高来确定主要标高点，并立醒目标桩，确保卸土位置准确，避免乱堆乱卸；

7 栽植土表层应整洁，所含石砾中粒径大于 3cm 的不得超过 10%，粒径小于 2.5cm 的不得超过 20%，杂草等杂物不应超过 10%；

6 主控项：

绿化土壤中不应掺有工程废料等杂物，栽植土壤不应含渣土；

栽植土表层中砾石含量需符合规范要求；

栽植土下部不应有不透水层；

栽植土应符合设计要求，并有检测报告。

栽植土取样

2.2 地形整理

2.2.1 简述

地形整理的方法是采用机械和人工结合的方法，对场地内的土方进行填、挖、堆筑等，整造出一个能适应各种项目建设需要的地形。

2.2.2 地形整理要求

1 在园林土方造型施工中，地形整理表层土的图层厚度及质量必须达到《园林绿化工程施工及验收规范》（CJJ82-2012）中对栽植土的要求。

2 地形整理的施工既要满足园林景观的造景要求，更要考虑土方造型施土中的安全因素，应严格按照设计要求，并结合考虑土质条件、填筑高度、地下水位、施工方法、工期因素等。

3 土壤的种类、土壤的特性与土方造型施工亲密相关，填方土料应符合设计要求，保证填方的强度和稳定性，无设计要求时，应符合下列规定。

（1）碎石类土，沙石和爆破石渣可用于离设计地形顶面标高 2M 以下的填土。

（2）含水量符合压实要求的粘性土，可作各层填料。

（3）淤泥和淤泥质土，一般不能用作填料，但在软土或沼泽地区，经过处理，含水量符合压实要求，可用于填方中的次要部位。

（4）填土应严格控制含水量，施工前应检验。当土的含水量大于最优含水量范围时，应采用翻松、晾晒、风干法降低含水量，或采用换土回填、均匀掺入干土或其他吸水材料等措施来降低土的含水量。如含水量偏低，可采用预先洒水润湿。土的含水量的建议鉴别方法是：土握在手中成团，落地开花，即为土的最优含水量。通常控制在 18%–22% 左右。

土的最优秀含水量和最大干密度参考值

项次	土的种类	变动范围	
		最优含水量 /（%）（重量比）	最大干密度 /（t/m³）
1	砂土	8–12	1.80–1.88
2	黏土	19–23	158–1.70
3	粉质粘土	12–15	1.85–1.95
4	粉土	16–22	1.61–1.80

（5）填方宜尽量采用同类土填筑。如果采用两种透水性不同的土填筑时，应将透水性较大的涂层置于透水性小的土层之下，边坡不得用透水性较小的的土封闭，以免填方形成水囊。

2.2.3 地形整理前的准备工作

1、技术准备

（1）熟悉复核竖向设计的施工图纸，熟悉施工地块内的土层的土质情况。

（2）阅读地质勘察报告，了解地形整理地块的土质及周边的地质情况，水文勘察资料等。

（3）测量放样，设置定位桩。在具体的测量放样时，可以根据施工图、水准点，将土山土丘等高线上的拐点位置标注在现场，作为控制桩并做好保护。

测量放样

（4）编制施工方案，绘制施工总平面布置图，提出土方造型的操作方法，提出需用施工机具、劳动力、推广新技术计划。

2、设备准备

做好设备调配，对进场挖土、推土、造型、运输车辆及各种辅助设备进行维修检查，试运转，并运至使用地点就位。

3、施工现场准备

（1）土方施工条件复杂，施工时受地质、水文、气候和施工周围环境的影响较大，应充分掌握施工区域内、地下障碍物和水文地质等各种资料数据，对施工现场内的地下障碍物进行核查，确认可能影响施工质量的管线、地下基础及其他障碍物。

（2）在原有建筑物附近挖土和堆筑作业时，应先考虑到对原建筑物是否有外力的作用因而引起危害，做好有效的加固准备及安全措施。

（3）在预定挖土和堆筑土方的场地上，应将地表层的杂草、树墩、混凝土地坪预先加以清除、破碎并运出场地，对需要清除的地下隐蔽物体，由测量人员根据建设单位提供的准确位置图，进行方位测定，挖出表层，暴露出隐蔽物体后，予以清除。然后进行基层处理，由施工单位自检、建设或监理单位验收，未经验收不得进入下道地形整理的工序。

（4）在整个施工现场范围，必须先排除积水。并开掘明沟使之相互贯通，同时开掘若干集水井，防治雨天积水，确保挖掘和堆筑的质量，以符合最佳含水标准。

（5）地形整理工程施工开工前，必须办妥各种进出土方申报手续和各种许可证。

4、地形整理的土方工程量计算

在进行编制地形整理的施工方案或编制施工预算书时，或进行土方的平衡调配及检查验收土方工程时，需进行工程量的计算，土方工程量计算的实质是计算出挖方或填方的土的体积，即土的立方体量。土方量计算的常用方法是方格网法。其计算步骤如下：

（1）划分方格网

根据已有地形图将欲计算场地划分为若干个方格网。将自然地面标高与设计地面标高的差值，即各角点的施工高度，写在方格网的左上角，挖方为“+”，填方为“-”。

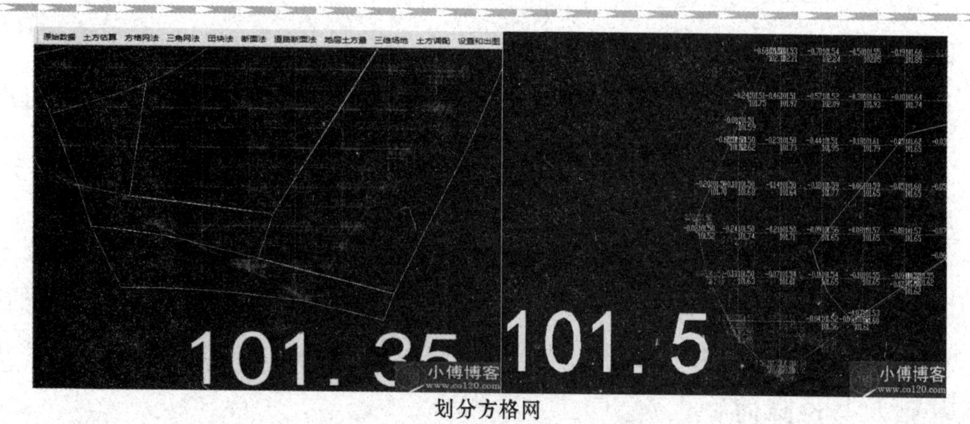

划分方格网

（2）计算零点位置

在一个方格网内提哦那个是有填方或挖方时，应先算出方格网边上的零点的位置，并标注于方格网上，连接零点即得填方区或挖方区的分界线。

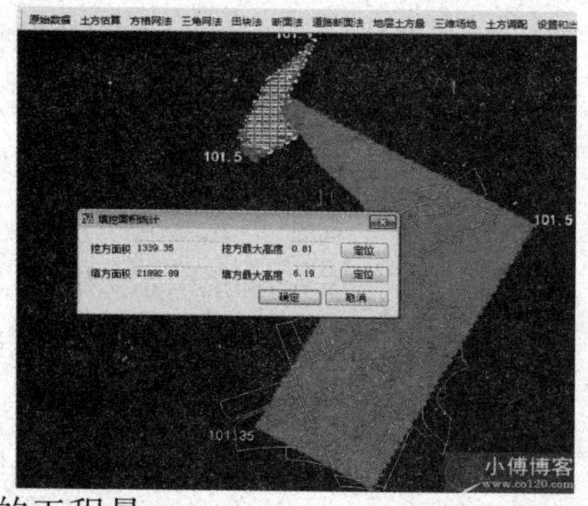

（3）计算土方的工程量

按方格网底面积图形和体积计算公式计算出的每个方格内的挖方或填方量。

（4）计算土方总量

将挖方或填方区所有土方计算量汇总。既得该场地挖方和填方的总土方量。

6、土方的平衡与调配

计算出土方的施工标高、挖填区面积、挖填区土方量，并考虑各种变化因素，考虑土方的折算系数进行调整后，应对土方进行综合平衡与调配。土方平衡与调配工作是土方施工的一项重要内容，其目的在于取弃土量最少，土方运输量或土方运输成本为最低的条件，确定填、挖方区土方的调配方向和数量，从而达到缩短工期和提高经济效益的目的。

（1）土方的平衡与调配原则

①挖方与填方基本平衡，减少重复倒运。

②填方量与运距的乘积之和尽可能为最小，即总土方运输量或运输费用最小。

③开挖生土应该用在回填密实度要求较高的地区，避免出现质量问题。

④区调配应该与全场调配相协调，避免只顾局部平衡，任意挖填而破坏全局平衡。

⑤选择恰当的调配方向、运输路线、施工顺序，避免土方运输出现对流和乱流现象，同时便于机械调配、机械化施工。

2.2.4 土山体堆筑

高差超过 5 米的地形成为地形整理的特殊情况。

土山体堆筑地形

1 土山体的堆筑、填料应符合设计要求，保证堆筑土山体土料的密实度和稳定性。当在有地下构筑物的顶面堆筑较高的土山体时，可考虑在土山体的中间放置轻型填充材料，如 EPE 板等，以减轻整个山体的重量。

2 土山体的堆筑，应采用机械堆筑的方法，采用推土机填土时，填土应由下而上分层堆筑，每层虚铺厚度不大于 50cm。

3 土山体的压实

（1）土山体的压实应采用机械进行压实

用推土机来回行驶进行碾压，履带应重叠 1/2，填土可利用汽车行驶作部分压实工作，行车路线须均匀分布于填土层上，汽车不能在虚土上行驶，卸土推平和压实工作须采用分段交叉进行。

（2）为保证填土亚视的均匀性及密实度，避免碾轮下陷，提高碾压效率，在碾压机械碾压之前，宜先用轻型推土机、拖拉机推平，低速预压 4–5 遍，使表面平时。

（3）压实机械压实填方时，应控制行驶速度，一般平碾、振动碾不超过 2km/h；并要控制压实遍数。当堆筑接近地基承载力时，未作地基处理的山体堆筑，应放慢堆筑速率，严密监测山体沉降及位移变化。

（4）已填好的土如遭水浸，应把稀泥铲除后，方可进行下一道工序。填土区应保持一定横坡，或中间稍高两边稍低，以利于排水。当天填土，应当当天压实。

（5）土山体密实度的检验。土山体在堆筑过程中，每层堆筑的土体均应达到设计的密实度标准，若设计未定标准则应达到 88% 以上，并且进行密实度检验，需采用环刀法，才能填筑上层。

（6）土山体的等高线。山体的等高线按平面设计及竖向设计施工图进行施工，在山坡的变化处，做到坡度的流畅，每堆筑 1m 高度对山体坡面边线按图示等高线进行一次修整。采用人工进行作业，以符合山形要求。整个山体堆筑完成后，在根据施工图平面等高线尺寸形状和竖向设计的要求自上而下对整个山体的山形变化点精细地修整一次。要求做到山体地形不积水，山脊、山坡曲线顺畅柔和。

人工地形修整

（7）土山体的种植土。土山体表层种植土要求按照《园林绿化工程施工及验收规范》（CJJ82-2012）中相关条文执行。

（8）土山体的边坡。土山体的边坡应按设计的规定要求。如无设计规定，对于山体部分大于23.5度自然安息角的造型，应该增加碾压次数和碾压层。条件允许的情况下，要分层碾压，以达到最佳密实度，防治出现施工中的自然滑坡。

（9）地形整理的验收

地形整理的验收，应由设计、建设和施工等有关部门共同进行验收。

①通过土工试验，土山体密实度及最佳含水量应达到设计标准。检验报告齐全。

②土山体的平面位置和标高均应符合设计要求，立体造型应体现设计意图。外观质量评定通常按积水点、土体杂物、山形特征表现等几方面评定。

③雨后，土山体的山凹、山谷不积水，土山体四周排水通畅。

④土山体的表层土符合《园林绿化工程施工及验收规范》（CJJ82-2012）中的相关条文要求。

2.2.5 为确保工程进度和质量，采取机械作业和人工作业相结合的方式。对宜于机械施工的区段，采取挖掘机和装载机配合施工作业。对机械施工后精修细整和机械无法施工的区段，采取人工修整施工。

2.2.6 在回填土基本满足的条件下，依园林设计标高整理出相应的土山、缓坡，所有表土应按设计等高线做最后处理。

2.2.7 地形塑造的测量工作应做好记录、签认。

2.2.8 绿地内排水坡度应按总体设计进行平整，以保证排水通畅。

2.2.9 土方回填：依据种植要求，选择合格的种植土进行回填，采取分层回填，随填随压实，保证一定的紧实度，确保工程效果。

地形整理

1 土方压实要求

土方的压实工作先从边缘开始，逐渐向中间推进。填方时必须分层堆填、分层碾压夯实。为避免以后出现不均匀沉降，碾压、打夯要注意均匀，要使填方区各处土壤密度一致。

在夯实松土时，打夯动作先轻后重。先轻打一遍，使土中细粉受震落下，填满下层土粒间的空隙，然后再加重打压，夯实土壤。

（1）人工夯实方法

人力打夯前将填土初步整平，用蛙式打夯机等小型机具夯实时，一般填土厚度不宜大于 25 cm，打夯之前对填土初步平整，打夯机依次夯打，均匀分布，不留间隙。

（2）机械压实方法

为保证填土压实的均匀性及密实度，避免碾轮下陷，提高碾压效率，在碾压机械碾压之前，先用轻型推土机、拖拉机推平，低速预压 4-5 遍，使表面平实；采用振动平碾压实爆破石渣或碎石类土，先静压. 而后振压。

碾压机械压实填方时，控制压实遍数和行驶速度，一般平碾、振动碾不超过 2 km / h。碾压机械与基础或管道保持一定的距离，防止将基础或管道压坏或使之位移。

用压路机进行填方压实，采用“薄填、慢驶、多次”的方法. 填土厚度不超过 25-30 cm；碾压方向从两边逐渐压向中间。平碾碾压完一层后，用人工或推土机将表面拉毛。

（3）土壤水沉

栽植土填方较厚地段，栽植前灌水使其沉降，沉降部位继续填土。重复 2–3 次，直至无明显沉降。

土壤水沉

2.2.8 地形塑造：土方造型完成后，对土壤表层均匀适量灌水，促使沉降和土质软化，待表层土七八成干后，再平整地形。

2.2.9 土方施工完毕自检合格后，报请监理工程师验收核准。

地形处理完毕，自检合格，报请监理工程师验收

2.3 整理现场

整理现场：根据设计图纸的要求，将绿化地段与其他用地界限区划开来，整理出预定的地形，使其与周围排水趋向一致。

2.3.1 对平缓耕地或半荒地，满足植物种植必需的最低土层厚度要求。通常翻耕 30–50cm 深度，以利蓄水保墒，并视土壤情况，合理施肥以改变

土壤肥性。平整场地要有一定倾斜度，以利排出过多的雨水。

2.3.2 对工程场地宜先清除杂物、垃圾，随后换土。种植地的土壤含有建筑废土及其他有害成分，如强酸性土、强碱土、盐碱土、黏土、砂土等，均根据设计规定，采用客土或改良土壤的技术措施。

2.3.3 对低湿地区，先挖排水沟降低地下水位，防止反碱。通常在种植前一年，每隔 20m 左右就挖出一条深 1.5–2m 的排水沟，并将掘出来的表土翻至一侧培成垅台，经过一个生长季，土壤受雨水的冲洗，盐碱减少，杂草腐烂，土质疏松，不干不湿，即可在垅台上种树。对新堆土山的整地，经过一个雨季使其自然沉降后，才能进行整地植树。

2.3.4 无竖向设计要求的，应使自然坡度达到 3% 左右，边缘低于路沿石 5–8cm；有设计要求的微地形整理，范围、标高、厚度、造型及坡度均应符合设计施工。

2.3.5 主控项：

（1）地形造型的范围、厚度及标高、坡度应符合设计要求。

（2）应考虑土壤折实情况，提前做好应对措施。

（3）地形下陷：未进行地形预置，未考虑周围环境，未考虑地形沉降系数，导致地形比周围环境低，造成下陷、积水，栽植苗木成活率低等一系列问题。

（4）道路施工未考虑与周围环境高差关系，导致路沿石侧面外露，周边地形下陷，靠背高于地形或立沿石与靠背高差过低，导致靠背裸露。影响景观效果。

（5）地形未进行人工细整，导致土壤结块，部分区域凹凸不平。

路沿石侧背外露，周边地形下陷，后期导致积水

地形整理未进行人工细整

2.4 定点、放线

2.4.1 所需工器具：钢尺、测距轮、小卷尺、标桩、小木桩、经纬仪、花杆、绳子、白灰等；

2.4.2 测量方法

1 皮尺徒手放线法：放线时应选取图纸上已标明的固定物体（建筑或原有植物）做参照物，按图纸设计的比例实地上量出参照物与将要栽植植物之间的距离，然后用白灰或标桩在场地上加以标明，依此方法逐步确定植物栽植的具体位置。此法误差较大，用于要求不高的绿地施工；

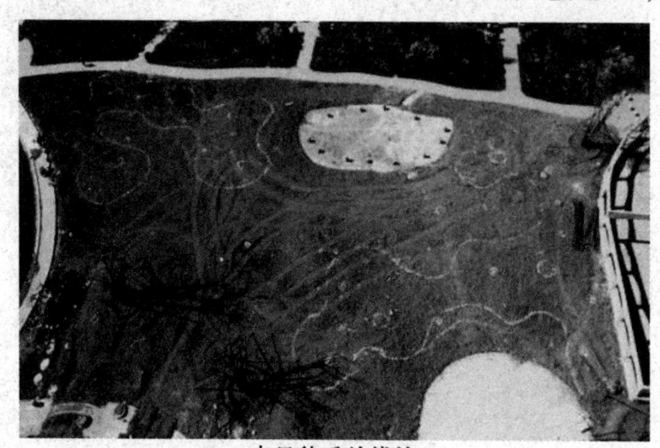

皮尺徒手放线法

2 网格放线法：

通过垂直线、平行线组成的十字网格来确定平面图形的方位，也称方格网。一是用于景观施工图中的基础放线，整体控制施工要素的位置，对于景观中曲线等不便控制的要素具有参照作用。

绘制方法：通常选择场地中固定不变的一个标志点作为定位基准点，如建筑角点，基准点设为0,0。左为正，右为负；上为正，下为负。方格网的间距为固定值，如5m、10m等；在施工图绘制中，可以选择整体网格放线，也可以选择分区网格放线。

施工操作：在工地上网格放线主要有两种方式，一是从基点处采用尺子放网格线，采用石灰洒出白色网格线，然后再在网格上将平面图形的位置标示出来；二是结合坐标点控制，采取打桩的方式，将网格线放出来。

先位置进行绳尺法定点。此法适用于范围大且地势平坦的绿地；

图纸上按比例画出方格网现场方格网放线

3 GPS 放线法：

（1）打开接收机

（2）手簿开机

（3）进项目→新建→输入工程名称→确定→编辑→增加→椭球名称 :x-ian80 →中央子午线：109.30 →点击 ok →天线高：（默认 1.8m，可根据杆高调整，但必须跟杆高一致）→确定

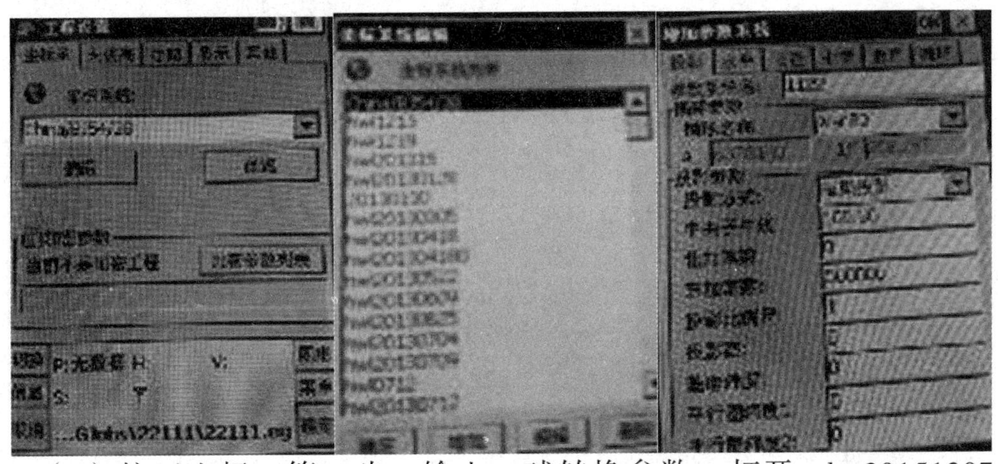

（4）校正坐标：第一步：输入→球转换参数→打开：hw20151207 文件下的 info/hw20151207.cot → ok 保存→文件名：（新建工程名称）→应用→是→是

第二步: 输入→校正导向→输入本控制点的 X、Y、H 坐标→(水泡需居中) →校正→确定

（5）点放样：

第一步：测量→点放样→目标→文件→导入→打开文件：（ltlzbd01 或 ltlzbd02 或 ltlzbd03 ）→导入

第二步：选中要放样的点→确定。即可根据提示找到目标点。

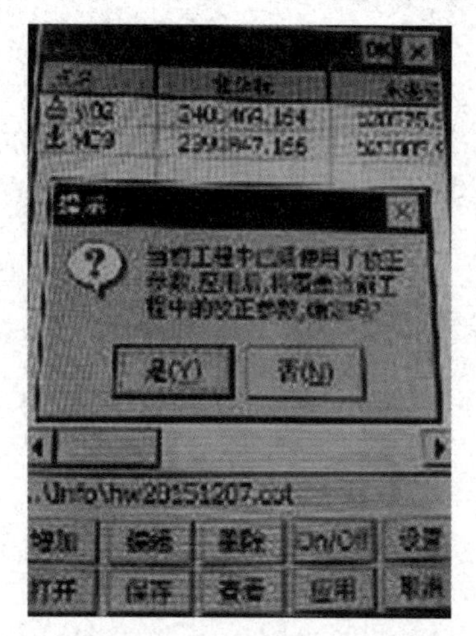

（6）直线放样：

测量→直线放样→目标→增加→输入或添加（起止点、线名、里程 0）等相关信息即可→确定→选中该线→确定。即可开始放样了。

定位放线

2.4.3 自然式栽植的定点放线

1 孤植树的定点放线

在开阔草坪及大型广场绿地，应用网格法确定苗木定植位置。对于要求栽植点位精确的地方，应用 GPS 定点。然后用白灰或标桩在场地上标示出中心位置。

2 树丛、树群、色带及花境的定点放线

可用 GPS 依据基点将单株栽植位置及树丛、树群、花境范围边线，按设计图要求依次放出。也可用网格法确定树丛、树群、色带及花境的栽植范围。

3 树丛、树群内单株的定点放线

可根据设计要求，用目测法进行定点。

2.4.4 规则式栽植的定点放线

1 片植或行道树的定点放线

以建筑物、园路、广场等平面位置为依据，用测绳或盒尺定点放线，确定每一行树木栽植点的中心连线和每一株树的栽植点。

（1）直线栽植时，可以道路中心线或路缘石为准，从栽植起始点、端点拉出道路中心线或路缘石垂直线，按要求比例尺寸量出两端的栽植中心位置，在两端栽植点拉直线，用白灰按要求株距逐株标明每一株的栽植点。

（2）对于呈弧线或曲线栽植行道树时，放线应从道路的起始点到终端，分别以道路中心线或路缘石为准，每隔一定距离分别画出与道路垂直的直线。在此直线上，按设计要求的树与道路的距离定点，把这些点连接起来，形成一条近似道路弧度的弧线或曲线，然后在孤线或曲线上按要求株距定出每一株的栽植点。

（3）绿篱、色块的定点放线

以道路、路缘石、花坛、建筑物或已栽植苗木为参照物，用盒尺按比例量出绿篱或色块外缘线距离，在地面画出栽植沟挖掘线。如绿篱、色块位于路边或紧靠建筑物，则需向外留出设计栽植宽度，在一侧画出边线。

（4）平面花坛的定点放线

一般栽植面积较小，图案相对简单的花坛，可将设计图案按比例放大在植床上，划分出不同种类花卉的栽植区域，用白灰撒出轮廓线。面积较大，设计图案形式比较复杂的，可采用方格网法定位放样。用白灰划分出每个品种的栽植轮廓线。

2.4.5 定点放线标准要求

1 栽植穴、栽植槽

应符合设计要求，位置准确，标记明显。孤植树应用白灰点明单株栽植中心点位置。

2 树丛、树群、色带、植篱、花坛、花境

栽植区域范围，轮廓线形状必须符合设计要求，应用白灰标明栽植外缘线。

3 树丛、树群丛内单株苗木

定点放线应采用自然式配置方式，既要避免等距离成排成行栽植，相邻苗木也应避免三株在一条直线上，形成机械的几何图形。丛内栽植点分布要保持自然，疏密有致。

4 模纹花坛

花纹图案放线要精细、准确，图案线条清晰。

5 行道树、片林

株行距相等，横竖成排成行。行道树栽植点位，必须在一条直线或弧线上，遇有地下管线和地上障碍物时，株距可在 1m 范围内调整。

2.4.6 定点放线注意事项

在地形上栽植的苗木，且需在做地形前先行栽植的，特别是大规格苗木，栽植平面位置、栽植标高必须测准，避免栽植过深或过浅，在地形整理时，对苗木栽植深度的调整带来一定难度。

先栽植苗木后做地形导致苗木埋深

定点时，如遇地上及地下障碍物时，应遵照与障碍物距离远近的有关规定调整栽植点。如乔木中心与电缆、给水、雨水、污水管道外缘水平距离不小于 1.5m，灌木根颈中心不小于 1.0m；乔木距燃气管道外缘水平距离不小于 1.2m，灌木不小于 1.2m；乔木、灌木中心距热力管道不小于 1.5m；乔木中心距建筑物外墙水平距离不小于 3–5m；乔木中心与高度 2m 以上围墙水平距离不小于 3-4m；乔木中心与道路变压器外缘距离不小于 3m, 灌木不小于 0.75m；乔木中心与电线杆距离不小于 2m, 灌木不小于 1.0m；乔木中心与道缘外侧不得小于 0.5-0.75m；乔木树杈距 380V 电线的水平及垂直距离均不小于 1m, 距 3300-10000V 电线的水平及垂直距离均不小于 3m；乔木距桥梁两侧水平距离不小于 8m。

放线定点后，应立即对所标定的植物品种、栽植位置、栽植范围、栽植数量进行认真复核。

及时与建设单位、设计单位、监理单位有关人员联系，对苗木栽植平面位置进行确认，如发现问题或设计方案变更时，应重新放线确认。

3. 树穴开挖

3.1 工具准备

铁锨、铁锹、小钢卷尺、挖坑机、标杆等。

3.2 树穴规格

3.2.1 术语释义

1 胸径（Φ）：指乔木距离地面 1.3 米高的平均直径。

2 地径（M）：适用于单干花灌木及藤本植物，从主干离地表面 0.1m 处测量。

3 冠幅（W）：指苗木经过常规处理后的枝冠正投影的正交直径平均值。在保证苗木移植成活和满足交通运输要求的前提下，应尽量保留苗木的原有冠幅，以利于绿化效果尽快体现。棕榈科植物，因品种冠型特性，则以生长顶点以下留叶片数量作为苗冠规格的补充。

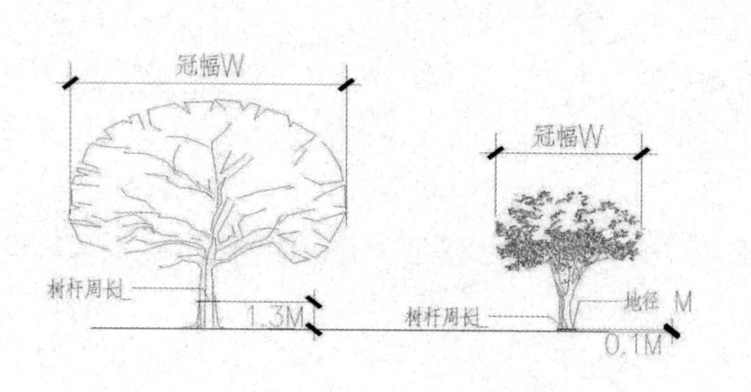

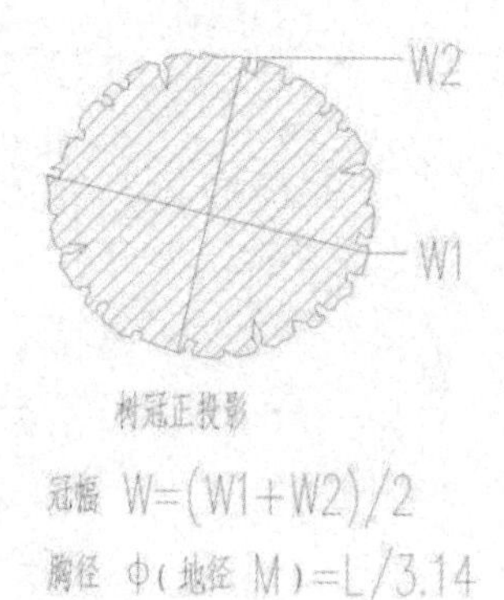

胸径、冠幅示意图

4 土球规格按照苗木胸径 7 倍计算。栽植穴、槽的直径应大于土球或裸根苗根系展幅 40cm-60cm，穴深宜为穴径的 3/4-4/5，穴、槽应垂直下挖，上口下底应相等，表层土和深层土分别放于穴两侧，花卉、地被的坑穴应大于土球 10-15cm，草皮下土层厚度为 20-30 cm，不具备条件的也不得少于 15cm。如遇土质不好，需进行客土换填或采取施肥措施的应适当加大穴槽规格。

苗木栽植穴规格对照表

乔木	土球直径 cm	20	30	40	50	60	70
	栽植穴规格 cm(直径 * 高)	60*45	70*50	80*60	90*70	100*75	110*85
	土球直径	80	90	100	110	120	120 以上
	栽植穴规格 cm(直径 * 高)	120*90	130*100	140*105	150*115	160*120	视情况而定
花灌木		规格		穴深（厘米）		穴径（厘米）	
	冠幅 :1-1.5 m		60-70		80 - 100		
	冠幅 1.5-1.8 m		70 - 80		100 - 120		

常绿树土球苗的规格要求（cm）

苗木高度	土球直径	土球纵径	备注
苗高 120-150	30-35	25-30	柏类绿篱苗
	40-50		松类
苗高 150-200	40-45	40	柏类
	50-60	40	松类
苗高 200-250	50-60	45	柏类
	60-70	45	松类
苗高 250-300	70-80	50	夏季放大一个规格
苗高 400 以上	100	70	夏季放大一个规格

3.3 栽植穴施工

栽植穴应在苗木入场前挖好，检测合格后备用。有些施工队伍不了解挖掘栽植槽、穴的标准要求，或因监督检查不够，施工树穴呈锅底形，有的小到仅能刚放下土球，结果在调整树体垂直度或观赏面时，造成土球散球，严重影响苗木成活率。

特别是在土壤较黏重或板结地段，造成不透水，是导致植物栽植后干腐病、腐烂病发生严重和萎蔫死亡的重要原因。

树穴过小且成锅底形时，也会导致土球被穴壁卡住，根部不能与土壤接触，造成苗木死亡。

3.3.1 栽植槽、穴规格要求

一般栽植穴的深度与宽度应根据苗木根幅、土球的大小、土球厚度、土壤状况而定。

（1）裸根苗

树穴直径应比裸根苗根幅放大 1/2，树穴深度为树穴直径的 3/4。

（2）土球苗

树穴直径应比土球直径加大 40-60cm，树穴深度为穴径的 3/4。土壤较黏重或板结地段，树穴直径还应加大 20%，加深不小于 20cm。

（3）容器苗

栽植穴应挖成圆形，乔灌木容器苗的栽植穴径应大于钵体直径 40-60cm。

3.3.2 挖掘方法

1 人工挖掘栽植穴

以树木主干中心点为圆心，按规定的尺寸先画一圆圈，然后沿边线外侧垂直向下挖掘，边挖边修直穴壁直至穴底，使树穴上口沿与底边垂直，切忌挖成锅底形。如穴底有建筑垃圾、水泥或砖块时，应向下深挖，彻底清除渣土；如穴底为不透水层时，应尽量挖透不透水层。回填栽植土至要求深度，踏实。

（1)在微地形斜坡挖掘时，应先铲出一个平台，然后在平台上挖掘树穴，穴深应以坡的下沿口为准。

（2）土壤特别黏禾来硬时，树穴之间可挖沟连通，或就近挖盲沟以利排水。

2 挖掘栽植槽

应自栽植线外缘垂直向下挖掘，栽植槽上口与底部尺寸一致，随地形变化槽深保持一致。

3 穴底处理

在重盐碱地区或黏重土壤上栽植时，可在穴底铺 10-15cm 的石砾、粗沙等，起隔盐、透气作用。

穴底改良

3.4 主控项

3.4.1 苗木到场后用米尺测量土球的直径、厚度，视情调整栽植穴的长、宽、深，并踏实穴底的回填土；

3.4.2 栽植穴、槽底部遇有不透水层及重黏土层时，应进行疏松或采取排水措施；

3.4.3 当土壤干燥时应于栽植前三天灌水浸穴、槽；

3.4.4 种植穴、槽规格、形状需符合设计和规范要求；穴内不得有水稳等杂物影响苗木的生长；穴槽开挖时用挖子直接挖完后需进行人工修正。

种植穴、槽规格、形状不符合设计和规范要求，穴、槽上下口不相等

树穴杂物未清理干净

4. 植物材料

4.1 规范要求

严禁使用带有严重病虫害的植物材料，非检疫对象的病虫害危害程度痕迹不得超过树体的 5%–10%。自外省市及国外引进的植物材料应有植物检疫证。省内苗木需按照公司规定填写出库单。

出　库　单　　№ 4705181

付给：　　　　　　　　　　　　　　　　年　月　日

<table>
<tr><th rowspan="2">货号</th><th rowspan="2">品　名</th><th rowspan="2">规 格</th><th rowspan="2">单位</th><th rowspan="2">数量</th><th rowspan="2">单价</th><th colspan="9">金　　额</th><th rowspan="2">备注</th></tr>
<tr><th>百</th><th>十</th><th>万</th><th>千</th><th>百</th><th>十</th><th>元</th><th>角</th><th>分</th></tr>
<tr><td></td><td></td><td></td><td></td><td></td><td></td><td></td><td></td><td></td><td></td><td></td><td></td><td></td><td></td><td></td><td></td></tr>
<tr><td></td><td></td><td></td><td></td><td></td><td></td><td></td><td></td><td></td><td></td><td></td><td></td><td></td><td></td><td></td><td></td></tr>
<tr><td></td><td></td><td></td><td></td><td></td><td></td><td></td><td></td><td></td><td></td><td></td><td></td><td></td><td></td><td></td><td></td></tr>
<tr><td></td><td></td><td></td><td></td><td></td><td></td><td></td><td></td><td></td><td></td><td></td><td></td><td></td><td></td><td></td><td></td></tr>
<tr><td></td><td></td><td></td><td></td><td></td><td></td><td></td><td></td><td></td><td></td><td></td><td></td><td></td><td></td><td></td><td></td></tr>
<tr><td>合计人民币(大写)</td><td colspan="5">佰　拾　万　仟　佰　拾　元　角　分</td><td></td><td></td><td></td><td></td><td></td><td></td><td></td><td></td><td></td><td></td></tr>
</table>

第一联：存根联

主管：　　　　会计：　　　　保管员：　　　　经手人：

4.2 植物材料外观质量要求

<table>
<tr><th>项次</th><th colspan="2">项目</th><th>质量要求</th><th>检验方法</th></tr>
<tr><td rowspan="5">1</td><td rowspan="5">乔木灌木</td><td>姿态和长势</td><td>树干符合设计要求，树冠较完整，分枝点和分枝合理，生长势良好，无半生苗。</td><td rowspan="6">检查数量：每 100 株检查 10 株，没株为 1 点，少于 20 株全数检查。检查方法：观察、量测</td></tr>
<tr><td>病虫害</td><td>危害程度不超过树体的 5%–10%</td></tr>
<tr><td>土球苗</td><td>土球完整，规格符合要求，包装牢固</td></tr>
<tr><td>裸根苗根系</td><td>根系完整，切口平整规格符合要求</td></tr>
<tr><td>容器苗木</td><td>规格符合要求，容器完整、苗木不徒长、根系发育良好不外露</td></tr>
<tr><td>2</td><td colspan="2">棕榈类植物</td><td>主干挺直，树冠匀称，土球符合要求，根系完整</td></tr>
<tr><td>3</td><td colspan="2">草卷、草块、草束</td><td>草卷、草块长宽尺寸基本一致，厚度均匀，杂草不超过 5%，草高适度，根系好，草芯鲜活</td><td>检查数量：按面积抽查 10%，4m2 为一点，不少于 5 个点。≤ 30m2 应全数检查。检查方法：观察</td></tr>
</table>

4	花苗、地被、绿篱及模纹色块植物	株型茁壮，根系基础良好，无伤苗，茎、叶无污染，病虫害危害程度不超过植株的 5%–10%	检查数量：按数量抽查 10%，10 株为 1 点，不少于 5 点。≤ 50 株应全数检查。检查方法：观察
5	整型景观树	姿态独特、质朴古拙，株高不小于 150cm，多干式桩景的叶片托盘不少于 7 个 –9 个，土球完整	检查数量：全数检查。检查方法：观察、尺量

4.3 允许偏差范围

项次	项目 范围			允许偏差(cm) 点数	检查频率		检查方法
1	乔木	胸径	≤ 5cm	–0.2	每 100 株检查 10 株，每株 1 点，少于 20 株全数检查	10	量测
			6cm–9cm	–0.5			
			10cm–15cm	–0.8			
			16cm–20cm	–1.0			
		高度	–	–20			
		冠幅	–	–20			
2	灌木	高度	≥ 100cm	–10			
			<100cm	–5			
		冠径	≥ 100cm	–10			
			<100cm	–5			
3	球类苗木	冠径	< 50cm	0	每 100 株检查 10 株，每株为 1 点，少于 20 株全数检查	10	量测
			50cm–100cm	–5			
			110cm–200cm	–10			
			> 200cm	–20			
		高度	< 50cm	0			
			50cm–100cm	–5			
			110cm–200cm	–10			
			> 200cm	–20			
4	藤本	主蔓长	≥ 150cm	–10			
		主蔓茎	≥ 1cm	0			
5	棕榈类植物	株高	≤ 100cm	0	每 100 株检查 10 株，每株为 1 点，少于 29 株全数检查	10	量测
			101cm–250cm	–10			
			251cm–400cm	–20			
			> 400cm	–30			
		地径	≤ 10cm	–1			
			11cm–40cm	–2			
			> 40cm	–3			

4.4 验收质量控制点

验苗时必须逐株认真检查，并做好验收实录。主要景观树种应与所号苗木的照片进行核对，以确保准确无误。认真核对苗木品种、变种或变型，必须准确无误。所购苗木规格及景观要求必须符合选苗、起苗标准，符合设计要求等，不合格苗木一律不得使用。

4.4.1 质量要求

1 土球苗

（1）土球达到起苗标准要求，土球基本完整，不散球、包装不松散。行道树分枝点高度符合设计要求。

（2）对外包装严密的土球苗、吊装时土球与树干晃动的苗木，应作仔细检查，防止混入假土球苗。检查方法：对土球包装严密的，先查看土球形状是否整齐，对土球形状不规则的应用钢钎插入包装内，凡土球较软或可扎透者，应打开包装作进一步查验。

（3）对树干进行处理的苗木进行认真检查。对于草绳缠干苗木，应解开草绳检查是否有干皮破损、假皮，或虫孔、病斑等情况。树干涂白或抹泥的，应检查是否有虫孔、病斑等。

2 容器苗。苗木规格符合要求，容器完整。

3 裸根苗

根幅到起苗标准要求，根系发育良好，颜色正常，无发黑、腐烂、韧皮部与木质部分离（根系已严重失水，后经水坑浸泡导致）、干枯失水现象（多因起苗后放置时间过长，造成根系失水和长途运输缺少必要保护措施所致）。检查方法：剪取粗 0.5–1.0cm 的根系先端部分，观察根系含水量和根系皮层及木质部的紧密情况。用目测方法检查有无根瘤病、白娟病等。大根无劈裂情况，带有护心土。

3 绿篱类苗木下部基本不秃裸。

4 球形苗木，不偏冠，枝叶茂密。

5 竹类苗木根幅、土球厚度符合起苗标准要求，根系无严重失水，叶片萎蔫不严重，竹鞭保存完好。

6 铺栽用草卷、草块规格一致，边缘平直，土层均匀、紧密、基本不破损，带土厚度符合起苗标准要求。草芯鲜活，草高适度，杂草率不超过 5%。

7 草坪植生带厚度均匀，边缘整齐，无破损和漏洞。种粒饱满，发芽率超过 85%。种子分布均匀；草种纯净度在 98% 以上，冷季型草种发芽率在 85% 以上，暖季型在 70% 以上。

8 宿根及一、二年生花卉，根系完整，下部无明显秃裸，不徒长，不倒伏，花蕾饱满，花茎、花头基本无折损。

9 水生植物根、茎、叶发育良好，植株健壮。

4.4.2 植物检疫

树干无明显病斑、虫孔、流胶、癌肿、干枯、枝条丛生等，无检疫对象病虫害或基本无病虫害。对树干密缠草绳、涂白、的苗木，应认真进行检查，严防病虫株混入。

机械损伤苗木无严重的机械损伤，大枝不缺损，常绿针叶树有完好顶梢。认真检查是否有局部脱皮苗、假皮苗，及顶梢损伤后用棍绑缚的常绿针叶树苗。检查方法：查看树干有无翘皮、裂皮，有无小铁钉固定痕迹。

4.4.3 不符合验收标准苗木的处理

1 苗木退回

对不符合规格要求及景观效果不好的苗木，一律退回。

2 变更品种或规格

降低标准使用或改换其他品种对不符合验收标准且苗源紧张的种类，应及时与设计单位、监理单位和业主方进行协商，是否可降低标准使用或改换其他品种。

4.5 主控项

4.5.1 到场苗木冠型、规格应符合项目要求，项目部应根据要求进行检验；

4.5.2 本省市苗木进场应具有苗木出库单；

4.5.3 到场苗木必须检查有无病虫害情况，后期病虫害爆发造成植物死亡；外省苗木需附带检验检疫证；

4.5.4 不符合规范要求不需栽植。

土球大小不符合规范要求　进场苗木有蛀干害虫

5. 苗木运输和假植

5.1 裸根苗木

运输时应进行覆盖，保持根部湿润。装车、运输、卸车时不得损伤苗木；

苗木运到现场，当天不能栽植的应及时进行假植，假植场地应选择靠近种植地点，避风向阳，排水良好，湿度适中，搬运方便，靠近水源的地方，采用挖沟埋根法：挖掘宽1-1.5米，深0.4米的假植沟，将苗根朝北排放整齐，一层苗木一层土将根部埋严实，短时间假植（1-2天）可用草帘子覆盖，遮阴、撒水保湿；

5.2 带土球苗木

装车和运输时排列顺序应合理，捆绑稳固，卸车时应轻取轻放，不得损伤苗木及散球；苗木运抵工地后，按指定位置卸苗。卸苗要循序进行，不得乱抽乱拿，严禁整车推卸。带土球的苗木装卸车时，严禁踩踏土球和容器，不准提拉枝干，视土球大小来选择人工抱球装卸、板桥滑移或吊车装卸；

带土球假植可将苗木直立，集中放在一起。若假植时间较长，应在四周培土至土球高度的1/3左右夯实，苗木周围用绳子系牢或立支柱。假植中，经常对枝叶喷雾或淋水，改善微环境气候，保持湿度和土球湿润。水量不宜过大，避免因土球回软变形、散球而影响成活。

野蛮装车或卸车造成土球苗散球

6. 苗木栽植前修剪

6.1 工器具

手锯（修剪乔灌木类 4cm 以上枝条）；压力剪（修剪乔灌木类 2-4cm 枝条）；手剪（修剪 0.5-2cm 枝条）；大平剪（球类、小面积绿篱）；绿篱机（大面积绿篱）、小钢卷尺、封闭漆、防护剂、绳子、合梯等；

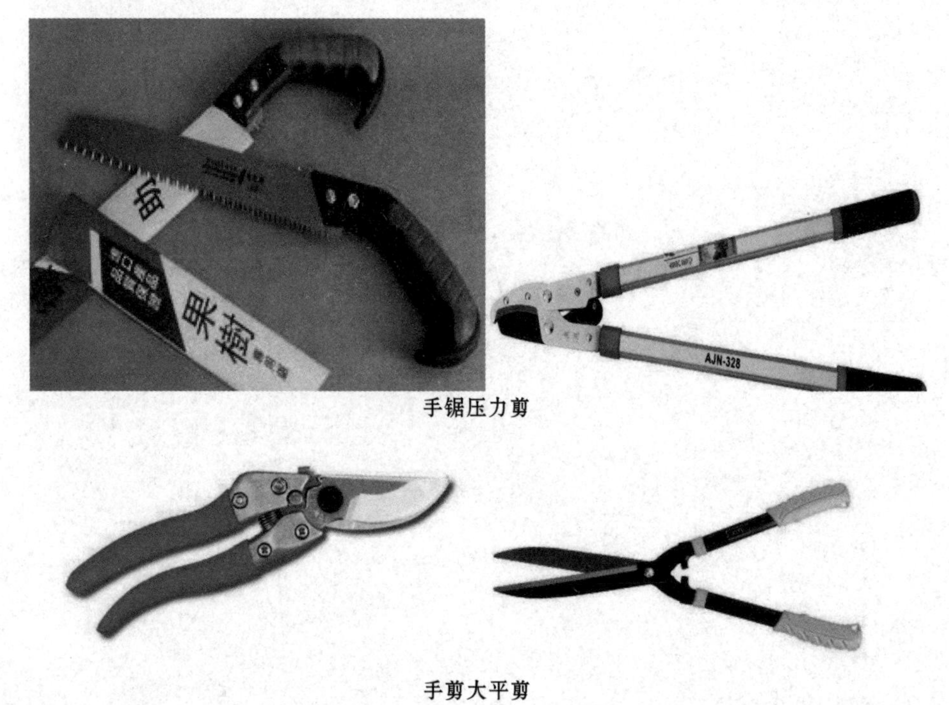

手锯压力剪

手剪大平剪

6.2 药品材料

伤口愈合剂：树木修剪后要涂抹伤口愈合剂。

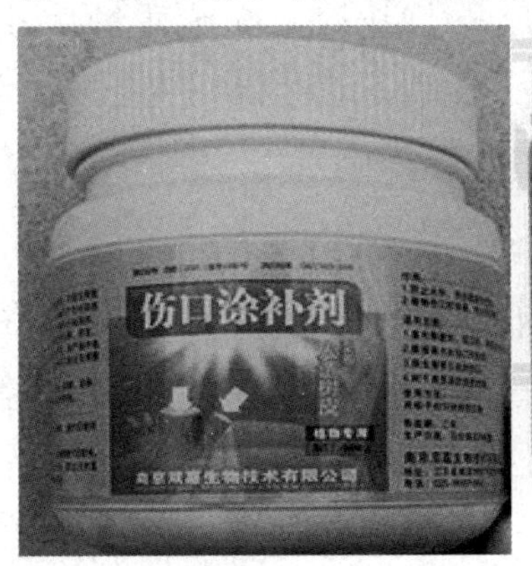

伤口愈合剂

6.3 修剪施工

苗木在栽植前或栽植后，必须对移植苗木的枝条、根系、叶片、花序、花蕾、果实等进行适当修剪。苗木栽植后不行修剪，特别是反季节栽植的大树不修剪，是造成苗木死亡的主要原因。

6.3.1 修剪目的

1 通过修剪解决地上和地下部分水分和养分的相对平衡，减少水分蒸发，提高栽植成活率。

2 通过合理修剪，使其达到理想的树形，提高景观效果。

3 控制植株生长高度，促进分蘖，使株丛生长丰满。

4 对树冠较大或枝条伸展过远的浅根性苗木，通过疏枝和回缩修剪，可防止苗木倒伏。

5 修剪枯死枝、病枝、带虫枝、过密枝，可大大减少病、虫危害和蔓延。

6.3.2 修剪依据

修剪应根据每个树种的自然树形、顶芽的生长势、枝条伸展状况、发枝能力、花芽着生位置、开花时期、景观要求和栽植环境、栽植方式等，进行适当的整形修剪。

修剪量应视起苗时间、移植成活的难易程度、起掘苗木的质量（如土球大小、土球完好程度）、冠幅大小、枝条疏密程度及苗木假植时间长短而定。适宜栽植季节栽植苗木，可适当减少修剪量。反季节栽植或起苗质量稍差的，应适当加大修剪量。

修剪后以确保栽植时能满足设计要求的规格标准为准。

6.3.3 修剪时间

乔木一般在栽植前修剪，如当天栽植量较大时，也可在栽后再进行补充修剪，但高大乔木必须在栽前修剪。灌木可在栽植后修剪，色带及绿篱苗木的整剪，应在浇灌两遍水后进行。

6.3.4 修剪程序

“一知、二看、三剪、四拿、五保护、六处理”。苗木修剪时，需按照以上程序进行，才能修剪出理想的株形。

1 一知：首先修剪人员对所剪苗木的生长习性、自然树形、花芽着生位置、特型树及主要景观树修剪标准要求等，做到心中有数。

2 二看：修剪前应绕树 1–2 圈，观察待剪树大枝分布是否均匀、树冠是否整齐、大枝及小枝的疏密程度。待看清预留枝和待剪枝，确定修剪方式和修剪量后，方可进行修剪。

3 三剪：按操作规范、修剪顺序和质量要求进行合理修剪。

4 四拿：及时将挂在树上、绿篱、地面的残枝拿掉，集中清理干净。

5 五保护：修剪截口必须平滑，剪口直径在 2cm 以上的，必须涂抹保护剂。易感染腐烂病、溃疡病、干腐病的树种，剪口处必须涂抹果腐康、或果腐宁等药剂防止腐烂病、干腐病发生。

6 六处理：将剪下的病、虫叶及枝条集中销毁，病果深埋，防止病虫蔓延。

6.3.5 修剪顺序

修剪应遵循乔木树种先上后下，先内后外，先剪大枝，后剪小枝的顺序依次进行；灌木类由内向外；球类、绿篱、色块类，应由外向内进行整剪。

6.3.6 修剪质量要求

1 苗木修剪前，应制订修剪技术方案，按照技术方案进行整剪。应在保证苗木成活的前提下，兼顾景观效果。

2 修剪后，苗木规格满足设计要求。全冠移植苗木应以疏枝和摘叶为主，不可短截大枝，应注意保持自然、完整树形。

3 落叶树疏剪时，剪口应与枝干平齐，不留橛。枝条短截时，剪口应位于留芽位置上方 0.5cm 处，剪口芽的方向就是未来新枝伸展方向。

4 常绿针叶乔木疏剪时，剪口下应留 1-2cm 的小木橛。回缩和短截劈裂枝时，应剪至分生枝处。

6.3.7 修剪注意事项

1 有伤流现象树种的修剪，如核桃、元宝枫、枫杨、红枫、常绿针叶树等伤流现象严重的树种及植被，应避开伤流期。修剪的最佳时期，核桃在采果后至落叶前；枫杨 6 月中旬是修剪最佳时期；红枫宜在早春修剪。疏剪时，最好留 3-5 cm 桩；常绿针叶乔木，旺盛生长期应尽量减少修剪量，以免造成伤流，影响生长势。

2 不耐修剪、愈伤能力较差、发枝能力弱的树种，一般不行重剪，应以抹芽、摘叶为主，可适当疏剪过密小枝。

3 修剪大枝时，应先从枝条下部锯开枝条粗度的 1/3，再从枝条的上部将枝锯断，防止修询时大枝劈裂，然后修平锯口。修剪银杏大枝时，应避免修剪对口枝。

4 切口及伤口的处理，剪口和伤口较大及伤口不易愈合的树种，应用利刀削平。易感染腐烂病、溃疡病、干腐病的树种，（如合欢、杨树、柳树、悬铃木、楸树、樱花、海棠、八棱海棠、碧桃、红瑞木等），剪口及伤口应涂防护剂。

5 雪松、白皮松、华山松等常绿针叶树种，剪口及枝干损伤处，需涂伤口愈合剂，防止因伤口流胶导致树势衰弱或死亡。药剂必须涂抹到位，不留白茬。

6.3.8 修剪安全要求

1 应选有修剪技术经验的工人或经过培训后的人员上岗操作。

2 使用电动机械一定认真阅读说明书，严格遵守使用此机械应注意的事项，按要求进行操作。

3 在不同的情况下作业，应配有相应的工具。修剪前，需对所使用工具做认真检查，严禁高空修剪机械设备带病作业。高枝剪要绑扎牢固，防止脱落伤人。各种工具必须锋利、安全可靠。

4 修剪时一定要注意安全，梯子要支撑牢固后可上树作业。修剪大树时必须配戴安全帽，系牢安全带后方可上树操作。

5 五级以上大风时，应立即停止作业。

6 修剪行道树时，必须派专人维护施工现场，注意过往车辆及行人安全，以免树枝或修剪工具掉落时砸伤行人或车辆。

7 在高压线和其他架空线路附近进行修剪作业时，必须遵守有关安全规定，严防触电或损伤线路。

6.4 修剪措施

6.4.1 树木结构基本知识

1. 主干：俗称树干。指树木分枝以下的部分，即从地面开始到第一分枝为止的一段茎。丛生性灌木没有主干（主干在林业上称为枝下高）。

2. 中干：指树木在分枝处以上主干的延伸部分。在中干上分布有树木的各种主枝。中干及中央领导干明显的，其顶端枝梢部分称为主梢（顶梢）。

3. 主枝：由中干上萌发形成的枝条。从中央领导干上分出的枝条称为次级主枝或副主枝。

4. 侧枝：从主枝上分生出的枝条。从主枝延长枝上分出的枝条称为次级侧枝或副侧枝。

5. 小侧枝：从侧枝上分生出的枝条。

6. 主枝延长枝：主枝的延伸，即由主枝的顶芽或茎尖形成的枝条。

7. 侧枝延长枝：侧枝的延伸，即由侧枝的顶芽或茎尖形成的枝条。

8. 长枝、短枝：是以节间长短而言的不同枝条名称，从功能上说，长枝一般以营养生长为主，短枝一般是开花结果的部位。

9. 营养枝：即生长枝。是以生长为主的枝条，担当了光合作用的重要角色，对叶木类树种进行修剪时，是修剪的主体。营养枝是个大概念，其中生长旺盛，又能开花结果的称为“发育枝”；生长过旺，节间较长，组织不充实的称为“徒长枝”（在一般情况下徒长枝是没有用处的，只有在特殊情况下才加以利用）；生长不良，短而细弱的，称为“纤弱枝”（常处于冠内或冠下因缺少阳光雨露而生长不良，短而细弱、皮色暗、叶小毛多）；较细长，开支角较大，不会影响树形，临时性过渡的，称抚养枝。

10. 花枝（即开花枝）：能开花结果的枝条（果树上称结果枝）。

11. 开花母枝：指着生花枝的枝条（果树上称结果母枝）。这种枝条一般能长期发挥作用，在对花木类树种进行修剪时通常进行保留。

12. 萌蘖枝：通常是由潜伏芽、不定芽萌发形成的新枝条，包括根颈部萌生的“茎蘖”，根系萌生的“根蘖”，砧木上萌生的“砧蘖”以及多余的新梢。

13. 枝条年龄

（1）一年生枝：枝条从形成开始，到第二年该枝条上的芽萌发前为止。

（2）二年生枝：一年生枝上的芽萌发以后，其本身则称为“二年生枝”

（3）三年生枝及多年生枝：二年枝再过一年则称“三年生枝”，以此类推。通常把三年以上的枝条统称为“多年生枝”

14. 带头枝：在一个枝组中，往往是中间的延长枝或近顶部的一个分枝特别健壮，标志着这个枝组的生长势和生长方向，称“带头枝”，更换带头枝和延长枝的修剪称为“换头”。

15. 新梢类型

新梢也是枝条。按生长季节来区分，通常笼统地把春季萌发的新梢称为“春梢”；夏季萌发的称为“夏梢”；秋季萌发的称为“秋梢”，个别树还有冬梢。

6.4.2 落叶乔木修剪

1 修剪基本原则

（1）已经提前断根处理过及近年移植过的苗木和假植苗，可适当轻剪。

（2）实生苗、山苗或多年未曾移植过的苗木，应适当行重剪。

（3）发枝力弱及不耐修剪苗木，轻剪，土球散球苗适当重剪。

（4）容器苗可适当减少修剪量。

2 正常栽植季节苗木修剪

重点修剪折损枝，剪除病枯枝、交叉枝、过密枝、并生枝、徒长枝。裸根苗根部修剪，应剪去病虫根、枯死根，劈裂根、过长根适当短截。

（1）全冠移植苗，除上述修剪外，对主枝一般不进行短截，尤其是樱花、玉兰主枝不可短截，以疏除内膛过密枝为主，疏枝量 1/4–1/3, 尽量保留树冠外围枝，保持自然、完整的树形。

（2）浅根性树种，应对树冠过大、枝条过密、伸展过长的苗木(刺槐、红花刺槐、香花槐、合欢等)进行适当的疏枝或短截，防止风折或倒伏。

（3）主轴明显的树种，如杨树等，应尽量保护顶梢。如原中央领导枝在起运过程中受损，应剪至壮芽或较直立的侧枝处，重新培养代替原中央领导枝。

（4）枝条轮生苗木的修剪，如水杉等，应疏除相邻两轮过密的重叠主枝，剪去冠内的枯死枝、病虫枝、细弱枝等；银杏可疏除轮生大枝中过密及与上、下层较邻近的重叠枝、过密小枝，但避免疏除对口大枝。

（5）伞形树冠苗木的修剪，如龙爪槐、大叶垂榆、金叶垂榆等，应剪去树冠上部的异型枝、冠内重叠枝、交叉枝、下垂枝，对主侧枝进行适当短截，主枝要长于侧枝。修剪后，主侧枝分布均匀。

（6）行道树，凡分枝点以下枝条，及过低的下垂枝、过密枝、影响树冠整齐的枝条应全部剪除。

2 反季节栽植苗木修剪

（1）疏枝：因苗木已进入生长期，加之气温较高，叶面蒸腾量加大，修剪时一般以短截、疏枝为主，疏叶为辅。应疏去树冠内的过密枝、重叠枝、交叉枝、病枯枝、徒长枝、折损枝。疏枝时尽量多保留外围大枝。剪枝量应视土球的完好程度、枝条疏密度而定。全冠移植苗一般疏枝量应控制在30% 左右。

（2）短截：带冠乔木主枝可短截 1/3, 侧枝重剪 1/3–1/2, 均截至分生枝或壮芽处。

（3）摘叶：全冠移植苗一般摘叶量 1/3–1/2；带冠乔木摘叶量 1/3；珍

贵树种、发枝力弱的苗木，则应以摘叶为主，摘叶量 1/2–2/3。摘叶时应按照内稀外密、观赏面适当多保留的原则，保证一定的观赏效果。摘叶时应使用手剪，尽量保留叶柄，以保护腋芽。严禁用手拽叶片，以免造成嫩枝和叶片损伤，影响缓苗。

6.4.3 落叶灌木修剪

一般多在栽植后修剪。

1 正常栽植季节苗木修剪

（1）修剪基本原则

应本着内疏外密、内高外低的原则进行。小规格苗木，因其株高较低、分枝数少，故修剪应以整形为主，宜轻剪，仅修剪折损枝、影响冠形整齐的徒长枝；分枝少、枝条徒长的丛生类苗木，可行重剪。

（2）不同类型花灌木的修剪

①春季观花类：因此类苗木花芽多在夏梢或二年生枝上，（如榆叶梅、紫荆等），一般可剪去秋梢；花芽或混合芽顶生的种类，如丁香等，只可疏枝，不可短截；老枝上开花的，如紫荆、贴梗海棠等，应保护老枝。

②夏秋观花类：此类苗木花芽着生在当年生小枝的顶端，发芽前一般可行重剪，如紫薇、珍珠梅等，可自二年生枝 8–10cm 处短截。

③观叶植物类：如接骨木等短截影响冠形整齐，枝条至分生枝处。

④特殊株形的修剪：具拱枝形苗木的修剪，如垂枝连翘、迎春、木香、野蔷薇等，长枝不行短截。

2 反季节栽植苗木修剪

花灌木假植或定植时，可根据设计要求进行适当短截，促其发生健壮侧枝。修剪高度应根据不同苗木发枝情况、进苗及定植时间而定。

高温季节栽植的，一般应剪去当年新生嫩梢的 1/4–1/3。

6.4.4 常绿乔木修剪

1 常绿针叶乔木修剪

主要修剪折损枝、枯死枝，疏剪过密细弱枝。修剪量应视土球大小、移植情况、栽植时期而定，一般不得超过 10%。

为提高雪松、单干白皮松等树种的观赏性，小规格苗木，可对其主干上的并生枝、竞争枝短截至分生枝处。大规格苗木主干竞争枝的处理(5m以上),应视苗木而定，在去掉一个较弱主干枝而不影响冠形整齐、美观的前提下，可短截弱主干枝至分生枝处。

分枝层次明显的树种，如雪松、云杉等，整形修剪时，仅对树冠内过于紊乱、层次不清的枝条进行清理，每层间保持适当距离，剔除层间的杂乱枝，使层次更加清晰、美观。但对冠内枝条疏密度适宜、层次分明的不应再行修剪。

2 常绿阔叶乔木修询

（1）女贞、广玉兰、石楠等，生长季节修剪应以疏枝和摘叶相结

合，广玉兰以摘叶为主。摘除树冠内部过密的叶片。摘叶量应视树冠及土球的大小、土球完整程度、枝叶疏密程度而定，一般可达总叶量的1/2–2/3。

3 常绿灌木修剪

（1）剪枝

铺地柏、矮紫杉等，除折损枝、枯死枝外一般不行修功，修剪折损枝至分生枝处。沙地柏伸展过高，影响冠形整齐的徒长枝，应短截至适当高度的分生枝处。

6.4.5 竹类修剪

一般不行短截。竹竿折损枝剪口应平滑。断口面需用薄膜包裹，防止积水腐烂。高温季节栽植时，枝叶浓密的可适当疏剪叶片。

6.4.6 绿篱及色块修剪

1 修剪时间

作绿篱、色块栽植的，应在浇灌两遍水后进行整形修剪。

2 修剪要求

新植绿篱、色块修剪后高度，必须满足设计要求。修剪后，轮廓清晰，线条流畅，边角分明，整齐美观。

6.5 修剪方式

6.5.1 乔木修剪

1 一般修剪方式：

(1) 截干：就是在树木的地上部分在根颈部截去，这样可以促进根颈部出现新的萌芽，这种方法一般用于多年生、树干挺直的苗木，因为一般这些苗木的根系部分在地底吸收了很多的营养，所以截干之后萌发出的新的枝条能够充分利用这些营养来生长，这样生长出来的新干生长旺盛。这种方法的原理就是先养根，然后养干，适合一些生长能力旺盛的树种。

(2) 抹头：把树冠在分支以上或者一下的部位去掉，使其在截口处萌发新的枝条的修建方法。抹头这种方法一般用于一些顶端优势不明显或者很弱的大落叶、阔叶树的移植，用这种方法可以很大程度地提提高移植的存活率。例如，悬铃木、元宝枫等树种一般采用这种方法进行移植。

截干发帽

（3）短截：又称“截剪”，即在枝条一个芽的上方将该枝条剪断。短截的剪口下的芽叫“剪口芽”。对常绿树来说剪口芽必须带叶。根据短截的程度不同，又可分为“轻短截”(剪去一年生枝 1/3 以下)，“中短截”(剪去一年生枝 1/2 左右)和重短截(剪去一年生枝 2/3 以上，一般用于刺激生长)。

其目的是终止枝条无止境地向长延伸，同时促使剪口下面的腋芽萌发，从而长出更多的侧枝来增加着花部位，使株形更加丰满圆浑，防止树膛内部中空，为了使树冠向外围延伸扩大，各级枝条结次分明，剪口应位于1枚朝外侧生长的腋芽上方，待剪口芽萌发后，才能使母枝的延长枝向树冠外围伸展，避免产生内向枝。短截根据剪断枝条的程度不同可分为轻剪和重剪。

①轻短截：切除枝条短于留下枝条，剪后切口附近萌芽长出枝条较细弱。

②重短截：将植株大部份茎枝剪除，只保留1/2—1/3以内的主枝，促使全株更新萌芽生长的修剪法。切口附近芽受刺激较大，可萌出较强的枝。短截是为减少枝条的发芽数量，培养壮枝，改善植株营养状况所作的修剪。方法是剪去枝条的一部分，保留一定长度的枝条和枝条上一定数量的芽。主要用于地栽树木和盆栽木本花卉，在冬季进行。由于枝条所截的长短不同，故修剪后的反应也不样。轻的短截用于生长过量的枝条，使其长成为中、短枝，重的短截用于长势中等或长势弱的枝条，使其日后形成强壮技。

轻短截重短截

切口用伤口愈合剂涂敷伤口，以防感染，剪去枝条一段称为短截，短截以后，树的外形十分整齐。

疏剪：就是将一个枝条从它的分枝基部剪去，俗称“抽稀”，是有目的地将枝条用枝剪或锯子剪掉，根据方法和要求和不同，可分为疏剪和短截两种。疏剪是将枯枝、徒长枝、不良枝和不合树形的枝条从基部剪去，通常是初次或大幅修剪时采用。

修剪比手指细的枝条可用枝剪或刀削，修剪比手指粗的枝条不要勉强用剪刀，应用细锯齿的手锯。疏剪时为免沉重枝头向下折断导致锯口下的母枝皮层撕裂，应分三步骤锯截，切忌于切口下留残枝，应尽量贴近枝基处膨大的(干领部，以最小的截面积锯下。大伤口并应涂防腐性保护剂才易愈合，主要用于地栽的树木，多在冬季进行。将枝条自基部剪去称为疏剪。

疏枝修剪

2 乔木造型修剪

（1）主干导向形：适用于单轴分枝的叶木类乔木。

（2）多主干导向形：适用于合轴分枝中顶端优势较强的叶木类乔木。

主干导向形多主干导向形

（3）无主干形：适用于合轴分枝或假二叉分枝中顶端优势较弱的叶木类乔木。整形时要注意其组成树冠的骨架枝至少在 3 个以上，并且要拉大枝距，分布均匀，力求自然。

（4）杯状形：强调先养干、后截干定枝

无主干形杯状形

5. 疏散分层形：适用于一些合轴分枝的小乔木状。

6.5.2 常绿树的修剪

原则：中、小规格的常绿树移栽前一般不剪或轻剪，剪除病虫枝、枯死枝、生长衰弱枝、下垂枝等。

常绿针叶类树（雪松、黑松、白皮松等）只能分层疏枝、疏侧芽，不得短截和疏顶芽，柏类苗木不宜修剪。多上枝老苗龙柏可疏剪。徒长枝适当剪梢。

常绿阔叶类乔木（广玉兰、大叶女贞、石楠等）应以疏枝、摘叶相结合，疏枝应于树干齐平、不留桩。

6.5.3 灌木修剪

1 一般修剪方式：

原则：截干、疏枝都应在冬季休眠期进行。开心形、杯状形：留枝按照三股、六杈、十二枝，分布均匀。碧桃、樱花、紫叶李、榆叶梅等。根据需要选留 3-5 个合适分枝均匀有立干。实生苗、山苗、散土球苗要重剪，二次移植苗、假植苗、容器苗要轻剪。

（1）对主轴不明显的落叶树种（红枫、五角枫、三角枫、元宝枫、鸡爪槭等),主枝不可短截,以疏内膛过密枝为主,尽量保持自然完整树形。

对易萌发枝条的树种,可对主枝的侧枝进行适当短截和疏枝,短截时,主枝要长于侧枝

(3)落叶小乔木的枝条应从基部剪除,不留木橛,剪口平滑,不得劈裂。

2 灌木造型修剪

(1)开心形:适合三主、六侧、十二枝形式修剪。适用于干性弱、枝条开展、腋芽开花的花木类小乔木或灌木(樱花、桃树)。

修剪前修剪后

(2)多枝闭心形:适用于枝条较多,树冠较充实的花木类灌木小乔木(如美人梅、榆叶梅、紫叶李等)。

(3)桩景形:叶木类和花木类都有,要求植株姿态有相当特色,造型的艺术成分高

(4)几何形:适用的树种大多数是叶类(火棘、木槿、红继木、杜鹃等),是植物几何体式造型与雕塑体式造型的合称。

6.5.4 竹类修剪：短截，竹竿折损修剪口应平滑，断口面需用薄膜包裹。防止积水，腐烂。高温季节栽植时，枝叶浓密的可适当疏剪叶茂。

6.6 几种辅助修剪手法

6.6.1 切根：即对根系的修剪。切根有明显的削弱生长（在生长后期进行）和刺激生长（在休眠期进行，最好是早春）的双重作用。

6.6.2 剥芽：在萌芽前将确属多余的芽剥去。剥芽能减少树体内养分的无谓消耗，从而加强保留芽的养分供应，具有伤口小、愈合快、操作简便的特点。

6.6.3 去蘖：又名“除梢”。是将一部分无用的“蘖”（刚萌发的嫩梢）除去，去蘖作用似剥芽。

6.6.4 摘心：摘去新梢的一部分顶端（一般 2-5 ㎝长）。摘心分生长早期摘心（可促进新梢及早分枝）和生长后期摘心（可抑制新梢的继续生长）。对有些树木来说，摘心还有延缓花期的作用，如紫薇。

6.6.5 环剥：即环状剥皮。在枝条的某一部位环状剥去 2-10 ㎜（或枝径 1/10）的树皮。环剥的作用是暂时阻断环剥部位以上的有机养分向下输送，所以都在生长期使用。

6.6.6 刻伤：用刀在枝条某个部位刻至木质部。刻伤有“横刻”和“纵刻”两种，作用完全不同。

7. 苗木栽植

7.1 工器具

铁锨、喷雾器、抑制蒸腾剂、封闭漆、铁锹、手锯、手剪、绳子、草绳、钢丝、支撑杆、保湿剂、生根粉、水车等；

7.2 苗木吊装

7.2.1 乔木起苗时，用草绳进行包裹，防止土球散落；

7.2.2 苗木栽植时严禁锁脖；

7.2.3 大树吊装注意栓绑吊带，并用麻片和竹片包扎树干，严禁出现滑落、撸杆、擦伤树皮等情况；

7.2.4 大树冠的苗木吊装需注意下钩位置，严禁发生因下钩位置错误导致折断树枝情况；

吊装方式对比

7.3 苗木定植

7.3.1 当日苗木必须当日栽植完成；

7.3.2 不易腐烂的包装物必须拆除；

7.3.3 栽植后应在栽植穴直径周围筑高 10cm-20cm 围堰，堰应筑实；

7.3.4 浇水沉降后，土球基本与地形标高高出5-10cm，不得栽高或栽深，影响根系发育；

苗木定植

7.4 乔木类栽植

7.4.1 乔木种植工艺流程图：

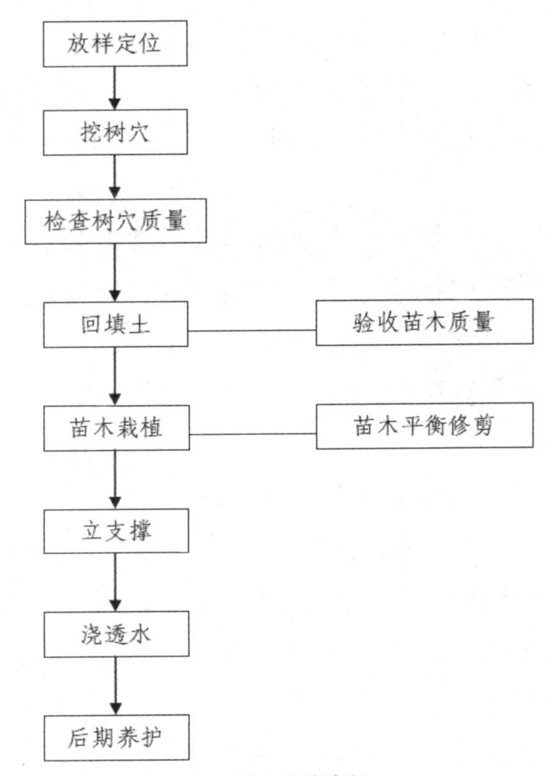

乔木栽植流程

1 对较大规格的乔木，起苗前采用苗木移植的新技术，严格操作，根据树种树龄干径，高度、根幅等指标，采取原地断根—施生根粉培养—移植等途径进行。

2 起挖树苗时，对常绿树类乔木进行技术处理：树冠喷施抗蒸腾剂，降低蒸腾的作用，另根据具体天气进行树杆雾化喷水，以减少挖后其自身水分的损失。

3 修剪后进行伤口处理，根系大于 2cm 以上的伤口，采用一定浓度的生长素蘸涂，促进根系生长发育，对树木定干后的截口和枝杆切口用羊毛脂、凡士林涂抹，防止水分过度损失，促进伤口迅速愈合。

4 对于较大规格的树木，栽植前进行环绕树穴埋设通气软管 3-5 根，上露出地面，提高土壤通透性，或进行配方施肥补充营养。

5 栽植前 1-2 天，对栽植穴进行灌水，渗透后进行栽植。树木高矮干径大小要搭配合理，树体要保持上下垂直，栽植深度比在苗圃里略深 2-3cm。同时，对一些苗木栽前进行修剪，如枯枝、伤枝、残根等。

6 栽植裸根苗木，严格按照技术规范，根系舒展，为窝根、不悬根，回填土分层放置，先填表土层，后填深土层，本着“三埋、两踩、一提苗”的方法，即第一次填土后，将树苗轻轻提起，使根系与土壤密接，随埋随踩，扶正踏实。

7 栽植带土球树苗，提草绳放入坑内摆好位置放稳，再剪断腰绳和草包保持土球不松不散，并将包捆物取出。回填土时，不要直接踩压土球，确保土球完好，并做好土堰蓄水坑。

8 大乔木、常绿树在栽植后均支撑，支撑采用直径不小于 4 cm 竹竿用铁丝垫布绑扎，四架一拐，高度为分支点高度的 2/3，保留至养管期结束，支柱要牢固，邦扎后树干必须保证正直。

9 苗木栽植 24 小时内必须浇透第一遍水，第一遍水后出现裂缝用散土覆盖然后整理围堰，一般待 3 左右天浇第二遍水，第三遍水 5-10 天后进行，灌水量要充足，（注意第一次浇水后，将树穴下陷部位及时回填种植土并捣实），定植后使用支撑杆进行支撑加固。

10 待第三遍水渗下后及时进行中耕扶植或封穴，并在树干周围堆成

30cm 高的土堆，以保持土壤中的水分和防止风吹树干造成空隙而影响成活。中耕封穴的同时，将土填实并将树木扶正，规则式种植保持相对平衡，注意管上面的合理朝向。

7.5 灌木类栽植

7.5.1 带土球起苗：用于一些较大的花灌木。挖苗时先将树冠用草绳拢起，再将苗干周围无根生长的表层土壤铲去，在一侧垂直下挖，深度同土球高度相等。一般呈苹果形，主根较深的呈萝卜形。φ3cm 以上的主根不能用锹斩断，用锯子锯断。当天气干旱时，提前 1–2 天灌水，增加土壤的粘结力，以保证土球完好。

7.5.2 根据苗木的不同物候期及栽植的难易，进行先后栽植，对成活率低的常绿树种，要适时、适地种植，确保成活率。同时，为了减少水分的蒸发，栽植前进行适当的修剪。

7.5.3 栽植前 1–2 天，对栽植穴进行灌水，渗透后进行栽植，栽植深度比在苗圃里略深 2–3cm。同时，对一些个别树种栽前进行修剪，如枯枝、伤枝、残根等。

7.5.4 栽植裸根苗木，严格按照技术规范，根系舒展，不窝根、不悬根，回填土分层放置，先填表土层，后填深土层，本着“三埋、两踩、一提苗”的方法，即第一次填土后，将树苗轻轻提起，使根系与土壤密接，随埋随踩，扶正踏实。

7.5.5 栽植带土球树苗，提草绳放入坑内摆好位置放稳，再剪断腰绳和草包保持土球不松不散，并将包捆物取出。回填土时，不要直接踩压土球，确保土球完好，并做好土堰蓄水坑。

7.5.6 绿篱成片种植和色块种植，由中心向外顺序退植；坡式种植由上向下种植；大型块植或不同色彩丛植时，分区、分块种植。

7.5.7 苗木栽植 24 小时内必须浇透第一遍水，第二遍水要连续进行，第三遍水 5–10 天后进行，灌水量要充足。（注意第一次浇水后，将下陷部位及时回填种植土并捣实）苗木栽植后，进行薄膜或遮阳网覆盖，以避免其水分过度损失。

7.5.8 待第三遍水渗下后及时进行中耕扶植或封穴，并在树干周围堆成30cm 高的土堆，以保持土壤中的水分和防止风吹树干摇摆造成空隙而影响成活。中耕封穴的同时，将土填实并将树木扶正。

7.5.9 植后修剪时，有主杆的保留 3–5 个主枝，短截 1/2，注意树杆整齐、对称，圆满无主杆的，保留 4–5 个分枝均匀地做主枝，太细、太老的枝条齐根剪去。

7.6 地被栽植

7.6.1 地被植物种植（改造）前的准备

深度在20公分以内的不利于植物生长的有害物质、杂物、砖块必须清除。种植床内杂草（原有地被植物）必须清除。场地初步平整，挖除突起部分，填平低洼地方，确保种植床密实度均匀。

1 地形处理

地被种植床排水良好，一般做成 3‰的排水坡度。如果临近建筑，从地基向外倾斜，直到边缘。

2 施基肥

种植地被前，要求在地表均匀撒施复合肥，每平方撒 15 克，撒施后与 10–15 公分土层均匀混合。

3 深翻土壤、种植床细平整

消毒、施肥后进行种植床细整。土粒不超过 2 公分，边整边衬，不留坑洼，整理成符合排水要求的种植床。

4 龙柏、蜀桧、黑松及肉质根类植物栽植前应在树穴内撒施杀虫剂，防治地下害虫；

5 吊放时，调整好观赏面或阳面，应一次性妥善放置到位并扶正；

6 放稳后，要全部剪开土球包装物，对于难以降解的包装物尽量取出；对于裸露可降解的，剪开后将上表面可见的取出；对于散坨严重的苗木，喷生根剂后沾泥浆栽植；

7 回填土时，先将表土（营养土）回填至土球附近，回填 20-30cm 时应踏实一次；大粒土块要敲碎，从土球四周将细土分层回填并逐层用脚踏实或用粗木杆夯实，注意不要碰伤土球或根部；

8 栽植后，应视情确定支撑，筑好灌水堰及时浇透水，并解开缠绕树冠的草绳，舒展枝条。

7.6.2 地被植物种植

1 地被花卉按照设计图定点放线，在地面准确划出位置，轮廓线。面积较大可用方格线法，按比例放大到地面。

2 种植花木苗株行距，按植株高低、分蘖多少、灌丛大小决定，以成苗后覆盖地面为宜。

3 种植深度为原种植深度，不得损伤茎叶，并保持根系完整。球茎花卉种植深度宜为球茎的 1-2 倍。块根、根茎类可覆土 3cm。

7.6.3 清理施工现场

栽植完成后，清理场地，及时浇水，保持植株清洁。

7.7 花卉栽植

按设计要求进行场地整理、定点放线、沟穴开挖、精心栽植。栽植时要扒去钵体轻拿轻栽。

7.7.1 花卉栽植工艺流程图

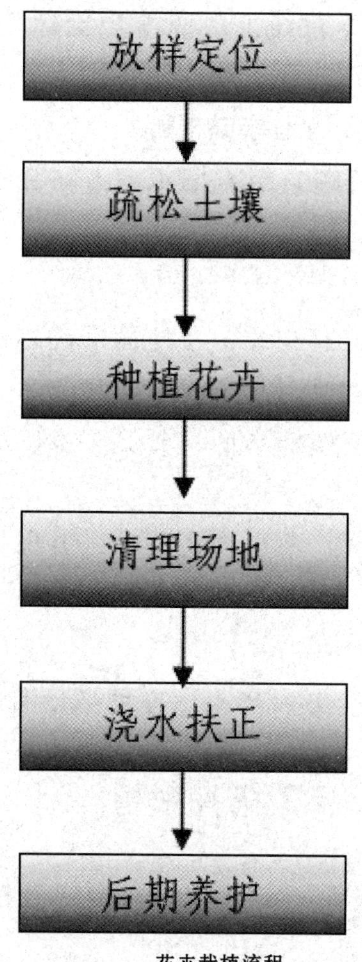

花卉栽植流程

7.7.2 整地

栽植之前，一定要先整地，将土壤深翻40-50cm，挑出草根、石头及其杂物。如果栽植深根性花木，还要翻得更深一些；如土质很坏，则全都换成好土。根据需要，施加适量肥性平和、肥效长久、经充分腐熟的有机肥作底肥。

为便于观赏和有利排水，栽植面处理成一定坡度，可根据栽植位置，决定坡的形状，若从四面观赏，可处理成尖顶状、台阶状、圆丘状等形式；如果只单面观赏，则可处理成一面坡的形式。

7.7.3 起苗

1 裸根苗：随栽随起，尽量保持根系完整。

2 带土球苗：如果花圃土地干燥、事先灌水。起苗时要保持土球完整，根系丰满；如果土壤过于松散，可用手轻轻捏实。起苗后，最好于阴凉处囤放一两天，再运苗栽植。这样，可以保证土壤不松散，又可以缓缓苗，有利于成活。

3 盆育花苗：栽时最好将盆退去，但保证盆土不散。也可以连盆栽入花坛。

7.7.4 栽植方法

1 在从花圃挖起花苗之前，先灌水浸湿圃地，起苗时根土才不易松散。同种花苗的大小、高霹矮尽量保持一致，过于弱小威过于高大的都不要选用.

2 花卉栽植时间，在春，秋，冬三季基本没有限制，但夏季的栽种时间最好在上午 11 时之前和下午 4 时以后，要避开大阳暴晒。

3 花苗运到后，即时栽种，不要放了很久才栽。栽植花苗时，一般的花坛都从中央开始栽，栽完中部图案纹样后，再向边缘部分扩展栽下去。在单面观赏花坛中栽植时，则要从后边栽起，逐步栽到前边。宿根花卉与一二年生花卉混植时，先种植宿根花卉，后种植一二年生花卉；大型花坛，宜分区、分块种植。若是摸纹花坛和标题式花坛，则先栽模纹，图线、字形，后栽底面的植物。在栽植同一模纹的花卉时，若植株稍有高矮不齐，以矮植株为准，对较高的植株则栽得深一些，以保持顶面整齐。立体花坛制作模型后，按上述方法种植。

4 花苗的株行距随植株大小高低而定，以成苗后不露出地面为宜。植株小的，株行距可为 15cm*15 cm；植株中等大小的，可为 20 cmX 20 cm ~ 40cmX40cm；对较大的植株，则可采用 50cm*50 cm 的株行距。草皮类植物是覆盖型的草类，可不考虑株行距，密集铺种即可。

5 栽植的深度，对花苗的生长发育有很大的影响，栽植过深，花苗根系生长不良，甚至会腐烂死亡；栽植过浅，则不耐干旱，而且容易倒伏。一般栽植深度，以所埋之土刚好与根茎处相齐为最好。球根类花卉的栽植深度，更加严格掌握，一般覆土厚度为球根高度的 1 ~ 2 倍。

6 栽植完成后，要立即浇一次透水，使花苗报系与上壤密切接合，并保持植株清洁。

7.7.5 反季节苗木栽植方法

1 落叶乔木、灌木类应进行适当修剪并应保持原树冠形态，剪除部分侧枝，保留的侧枝应进行短截，并适当加大土球体积；

2 可摘叶的应摘去部分叶片，但不得伤害幼芽；

3 夏季可采取遮荫、树木裹干保湿、树冠喷雾或喷施抗蒸腾剂，减少水分蒸发；冬季应采取防风防寒措施；

4 掘苗时根部可喷促进生根激素，栽植时可加施保水剂，栽植后树体可注射营养剂；

5 苗木栽植宜在阴雨天或傍晚进行；

6 夏季反季节栽植苗木应增加早上和傍晚的喷水次数，对于怕涝苗木应做好根部的防护，避免因喷水造成苗木涝害；

7 干旱地区或干旱季节，树木栽植应大力推广抗蒸腾剂、防腐促根、免修剪、营养液滴注等新技术，采用土球苗，加强水分管理等措施。

7.8 主控项

7.8.1 苗木栽植过密或过疏不符合设计和规范要求；带土球苗木土球规格不符合规范要求；苗木符合规格要求但品相较差。

7.8.2 土球包裹物未去除，生长一段时间后土球包裹物已嵌入树体内。

土球包裹物未去除

7.8.3 种植过深，影响根部呼吸，根部长势逐渐变弱，从而使苗木长势变弱或死亡

种植过深

7.8.4 土球与栽植穴接壤不密实，形成空洞。

8. 苗木支撑

8.1 工器具

撑杆、草绳、铁丝、钳子、手锯、长钉、锤子、合梯等；

8.2 支撑材料

8.2.1 支撑杆

1 杉木杆、桉树杆

杉木杆桉木杆

（1）尺寸标准

杉木杆、松木杆、桉树杆尺寸标准

支撑杆长度	小头直径	允许偏差	备注
8m	≥ 5cm	± 1.0cm	
6m	≥ 4cm	± 0.7cm	
5m	≥ 4cm	± 0.6cm	
4m	≥ 3cm	± 0.5cm	
3m	≥ 3cm	± 0.5cm	
2m	≥ 2cm	± 0.4cm	

（2）质量要求

①材料不得老旧腐朽，生产至进货期不超过一年，保障材质和硬度；

②材料必须干直，不得为歪曲木材；

③因其与苗木直接接触，故不得携带对苗木有危害的病虫害，无虫蛀痕迹；

④除杉木外，严禁使用带皮支撑杆。

2 竹杆

竹杆支撑

针对小规格苗木，不受大风影响的区域，或景观要求交底区域，可选用成本较低的竹杆。但不建议大面积使用。

（1）质量要求

①竹杆不得老旧腐朽，保障材质和硬度；

②竹杆必须干直，不得歪曲；

③不得携带对苗木有危害的病虫害，无虫蛀痕迹。

3 镀锌钢管

在瞬间风力超过八级的区域，或种植大型苗木（胸径 30cm, 高度超过 8 米）时可选用钢管支撑。

镀锌钢管

（1）尺寸标准

镀锌钢管尺寸标准

支撑杆长度	直径	备注
6m	DN40	标准长度
4m	DN40	标准长度

（2）质量要求

①钢支撑表面内层镀锌防锈，外层防锈漆；漆色建议采用棕色，避免支撑过于突兀。

②必须干直，不得歪曲。

4 新型材料：玻璃钢材质

玻璃钢材料支撑

在样板区或比较重要景观节点部位建议使用，价格较镀锌钢管低，整体外观质量优于杉木杆。

整体管件粗细均匀，可配套管箍尺寸，完美契合。颜色可调整，凸显施工质量，整体观感良好。强度大。整体管体方便大眼绑扎，避免外露钢丝。

（1）质量要求

①保障材质和硬度；

②必须干直，不得歪曲；

8.2.2 绑扎材料

常用绑扎材料有：扎篾、铁丝（一般选用12-14号），新型支撑有配套的简易绑扎带。

支撑绑扎材料

8.2.3 垫衬物

垫衬物即支撑杆与苗木接触处起缓冲作用的物品。常用垫衬物有无纺布。

8.3 支撑方式

8.3.1 “门”字型

1 单“门”字型

单“门”字型支撑

在垂直于常年风向的树干两侧将支撑桩打入土壤中。打入深度约为桩长的1/3，地上部分桩高约80 ~ 120 cm，使两桩和树干位于同一直线上。

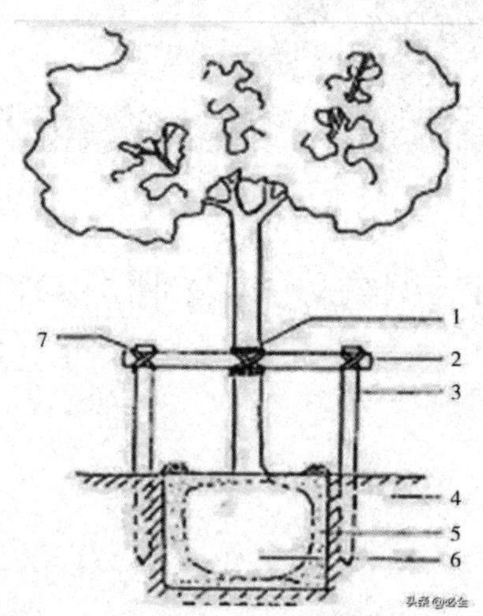

两桩打稳后，再用第3根支撑棍将树木和两根木桩绑扎固定在一起。绑扎时需用包裹物如无纺布，将树干衬裹保护，以防摩擦损伤树皮。

两桩之间的距离取决于树穴大小，要求将木桩打入树穴外围的原土中，保证较稳固。

此种支撑主要用于胸径5 ~ 8cm的乔木如高杆女贞、金枝槐等，或者分支点低的花灌木等。“门”字型撑示意图

2 双“门”字型

为提升单“n”字型支撑力度，可在主风方向增加支撑杆。又称“十”

字型支撑。在风力较大区域，单“门”字撑无法满足支撑需要时，可采用双“门”字支撑。

双“门”字支撑

3 三角支撑

选用三角支架、加之锚桩辅助的支撑方式。

三角支撑

这种形式常用于带土球的树木。针叶常绿树的支撑高度不应低于树木主干的 2/3，落叶树木支撑高度为树木主干高度的 1/2。

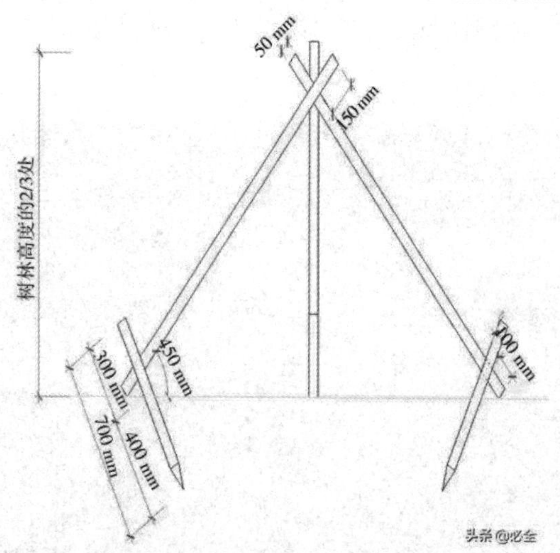

三角撑的一根撑杆必须在主风向上位，其他两根可均匀分布，入土处用斜桩固定，长度 70cm，入土深度 40cm，用镀锌 8# 铁丝绑扎，绑扎处应垫软物。在风大树冠大的情况下，可横向再绑 3 根短支撑材，形成双三角形，进一步加固树木支撑，也可采用扁担桩和三角桩结合的方式。

此种支撑主要用于胸径 8 ~ 10cm 的乔木。三角支撑示意图

4 四角支撑

（1）绑扎带四角支撑

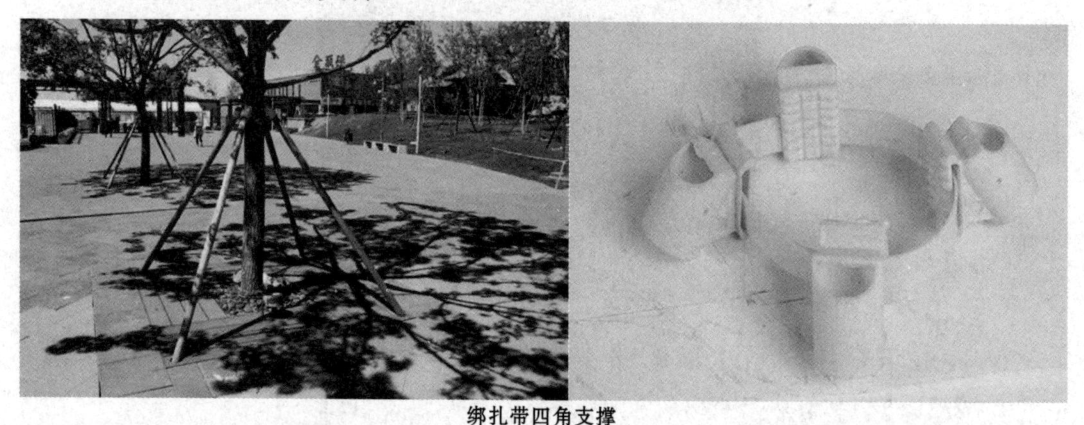

绑扎带四角支撑

这种形式常用于带土球的树木或大树支撑。针叶常绿树的支撑高度不应低于树木主干的 2/3，落叶树木支撑高度为树木主干高度的 1/2。

绑扎带按照时保证四角套环均匀分布在树体四处方位，其中一处必须在主风向上位。支撑杆插入套环内保证大小合适，无松动情况，必要时需用

铁钉进行加固。

（2）井字型四角支撑

井字形四角支撑

为使支撑牢固，常使用井字形支撑方式。在树干四周均匀立 4 根支柱，均向树干略倾斜，上部以 4 根适当长度的横杆与支柱固定，四横杆围合成方形后即将树干固定在中央位置上。绑扎处须有垫衬物缓冲，垫衬物厚度不小于 1cm；支撑杆上部超出绑扎点的长度不宜超过 10cm，横杆超出绑扎点的长度不宜超过 5cm。井字形支柱的稳定性非常好，通常适用于一些株型较大的苗木建议采用该类型支撑方式。

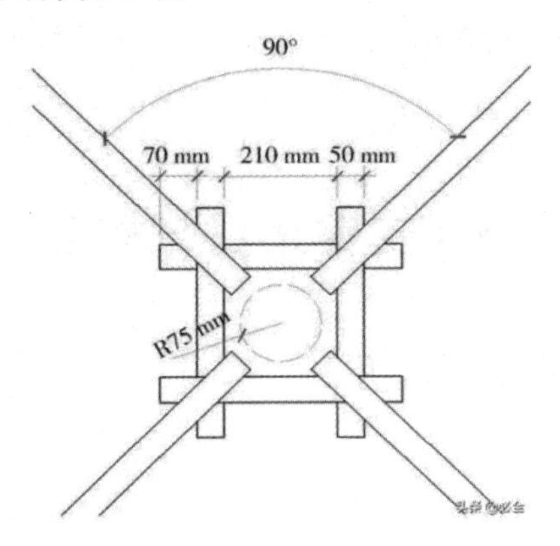

5 特殊支撑

（1）连排支撑

连排支撑

该类型支撑适用于成片种植或假植的较大型乔木或竹类，采用水平支撑的支撑方式。

成片或双排密植的树木，由于间隙较小，如使用普通支撑，既影响景观效果，又造成材料浪费。因此，可采取成片横拉互为依托支撑的方法。先利用支撑材将两排树木分别横向相连，然后在行间呈“十”字形绑支撑材，使行与行、树与树之间形成互为支撑，互为依托之势，以此加固树木。整体栽植美观整齐。

（2）多角支撑

针对丛生苗木或特选造型苗木，为提升支撑强度，采用超过 5 根支撑杆对单独分枝进行支撑。

8.4 支撑选用与标准

8.4.1 不同情景下支撑的选用

1 树池

统一采用四角支撑（较高的采用高位四角支撑），公园及湖边等地根据实际，在不影响行人走动和环境美观的情况下，可采用此类支撑。

树池中四“井”字型四角支撑

2 行道树

统一采用四角支撑。支撑材质可根据实际情况进行选择，重要道路或树木胸径较大时建议采用镀锌钢管材质支撑。

行道树统一采用四角支撑

3 组团栽植苗木

（1）树高不大于 3m，或分支点小于 1m 时，采用”门”字型支撑；树高不大于 7m，且干径小于 25cm 时，可采用三角支撑。树高大于 7m，或干径大于 25cm 时，采用四角支撑；

（2）当简易四角支撑无法满足支撑强度要求时，可采用于“井”字型四角支撑，必要时拉线辅助；

（3）规则式种植且密度高的小规格苗木（竹、杨树），可采用连排支撑。

4 特殊情景

（1）瞬间风力超过 8 级，或冠幅很大、土球小、重心不稳的大型苗木需要选用钢管支撑；

8.4.2 支撑规格的选用

1 高度

一般常绿针叶树，支撑高度在树体高度的 2/3 处；落叶树在树干高度的 1/2 处，“门”字支撑高宜为 60–100cm。

2 角度

三角支撑一般倾斜角度 45° –60° ，以 45° 为宜；四角支撑，支撑杆与树干夹角 35° –40° 。

3 方向

三角支撑的一根支撑杆必须设立在主风方向上位，其他两根均匀分布；行道树的四角支撑，其两根支撑杆必须与道路平齐；方形树池的四角支撑，各支撑杆分布在各直角位。

8.4.3 安装过程

1 苗木支撑安装过程如下：

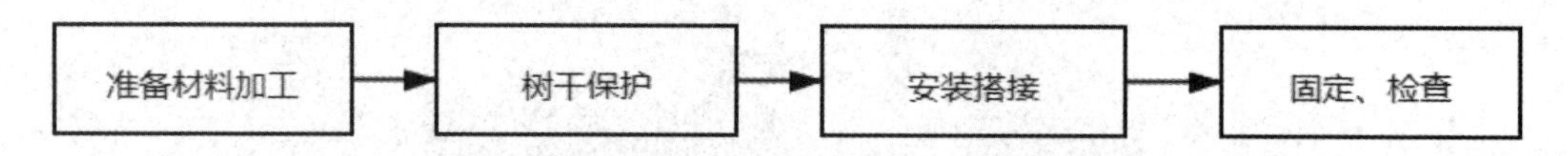

2 材料准备与加工

选定支撑杆材料后，根据乔木规格测定支撑杆长度，用木锯进行切割。用铁丝对支撑杆节点进行临时固定。

3 苗木树干保护在进行支撑杆搭接前，应对树干采用垫衬物包裹。

4 安装搭接

将主风方向上位支撑杆确定，另外支撑杆均匀分布，保证支撑牢固，美观，注意保持其余顶角高度一致。

5 检查

再次检查测量上、下角张开尺寸，保证各支撑杆的倾斜角度一致，高度一致。

6 苗木支撑的验收

苗木支撑验收项目

项目	序号	内容	检查方法
主控项目	1	支撑物、牵拉物与地而连接点的连接应牢固，支撑物的支柱应埋入土中不少于20cm	1、晃动支撑物 2、每50株为1个检验批，不足50株全数检查
	2	连接树木的支撑点应在树木主干上，其连接处应衬软垫，并绑缚牢固。	
	3	支撑物、牵拉物的强度能够保证支撑有效	
	4	常绿树支撑高度为树干高的2/3，落叶树支撑高度为树干高的1/2	
一般项目	同规格同树种的支撑物、牵拉物的长度、支撑角度与高度、绑缚形式以及支撑材料宜统一		

8.4.4 注意事项

1 支撑存放

存放期跨越雨季的，杉木杆应直立摆放，不允许横向倒放堆积，以防雨淋腐烂；到场随时备用的，要按不同规格分类，支撑杆整齐堆放。

2 安全文明施工

拉线支撑时，铁（钢）丝上应有警示标识，避免误闯造成人身伤害；遇 5 级以上大风天气时，应立即停止支撑作业。

8.5 支撑要求

8.5.1 三角支撑倾斜角度 45° 为宜；井字支撑与树干垂直；四角支撑倾斜角度 45° -60°；扁担支撑与树干垂直；针叶常绿树的支撑高度不低于树木主干的 2/3，落叶树木支撑高度为树木主干高度的 1/2；

8.5.2 三角支撑的支撑点宜在树高的 1/3-1/2 处，一根撑杆必须设立在主风方向上位，其他两根均匀分布，一般倾斜角度 45° -60°，且片林苗木支撑杆应保证方向一致；

8.5.3 支撑物的支柱埋入土中不少于 30cm，支撑物、牵拉物与地面连接点的连接应牢固；树木邦扎处应夹垫透气软质物，邦扎后树干必须保持正直。

8.5.4 支撑物、牵拉物的强度能够保证支撑有效，用软牵拉固定时，应设置警示标志。

8.5.5 同规格同树种的支撑物、牵拉物的长度、支撑角度、绑缚形式以及支撑材料宜统一。

8.5.6 支撑点绑扎一周后加固铁丝会松动，应检查加固。

8.6 主控项

8.6.1 支撑不牢固；同类苗木支撑不统一；支撑与树干的连接处无垫层；支撑高度不符合规范要求；支撑丢失、破损后未及时维护。

支撑不牢固

8.6.2 支撑未衬软垫、绑丝或软牵拉已嵌入树体。

绑丝嵌入树体

8.6.3 撑物的支柱应埋入土中不少于 30cm。

支撑需增加固定桩

9 苗木浇水

9.1 工器具

铁锨、水泵、水带、水车等；

9.2 注意事项

9.2.1 浇水时应在穴中放置缓冲垫.

9.2.2 苗木定植后必须浇足三次水，并灌足灌透，第一次要24小时内浇透定根水；第二次浇水在3–5天内进行；7–10天内浇第三次水；三遍透水后，用细土封堰保墒，以后可根据实际情况适时浇水。反季节栽植的大规格苗木及散坨苗木，可将1000倍液的生根粉随二遍水一同灌入；三遍水之后，穴内撒细土保墒防裂。

9.2.3 检查土球是否灌透的方法：用钢钎或竹棍在土球上扎眼，感觉下面是否松软，若坚硬应继续补灌；

9.2.4 新移植的常绿树除了对根部浇水外，还要进行叶面喷水（夏季喷水应在上午9:00以前或下午5:00以后）；

9.2.5 灌水后，如发生土壤下陷，导致树木倾斜时应及时扶正并培土踏实；

9.2.6 封堰：新栽树木应在浇透水，水完全渗下后，用细土覆盖树穴后及时封堰，以后根据当地情况及时补水；

9.2 主控项

9.3.1 围堰未筑；浇水时树穴有漏水未及时处理；苗木倾斜后未及时扶正；在灌水时，水流量过大，造成树穴假满。

10. 草坪建植

10.1 工器具

量具、铁锹、钉耙、水盆、草帘子或无纺布、水车、喷枪（雾化）、平锹、碳子等

10.2 草坪铺植流程

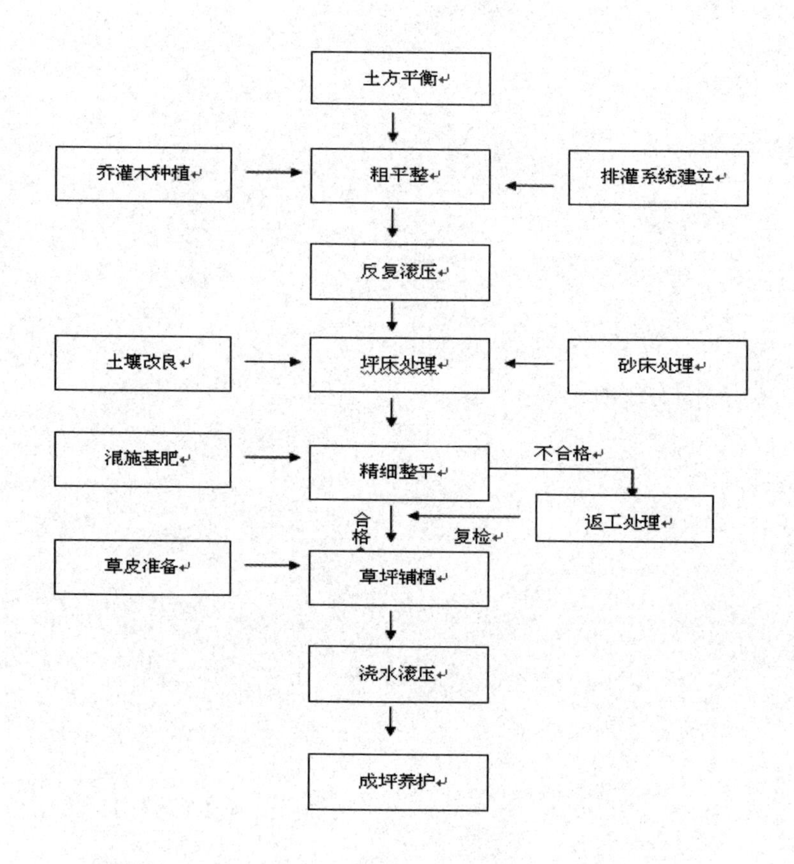

10.3 场地整理

常规草坪建植包括坪床场地准备、草坪材料选择、铺植过程和后期养护管理。草坪建植质量的好坏不仅与草坪质量与养护措施有关，而且与草坪的土壤理化环境与土壤结构有密切关系。为保证较长时间的品质效果，坪床处理均应根据分级改良原则进行处理。

10.3.1 坪床准备

清理不利于施工作业和影响草坪植物生长的杂物（石头、水泥石灰等搅拌物残物、树根、杂草、砖瓦等），进行必要的挖方和填方。清除杂物，一般应在草坪床面以下不小于 30cm。如有必要，可使用药剂除灭杂草和防虫杀菌消毒及深翻填埋，但应在植草前 3 周进行。常用的化学除草剂包括：丁香胺、杀草丹、阔叶净、百草敌、草甘膦、百草枯等；如采取深翻填埋需保证至少表层有 30cm 的种植熟土层。

种植土壤层的土壤部分建议选择优良表层种植土为宜，以园林一级种植土壤理化指标为基准。土层厚度为 20 ~ 30cm 左右（压实状态），需无杂草及杂物（石头、水泥石灰等搅拌物残物、树根、杂草、砖瓦等）。如需改良可采用有机肥、膨化鸡粪或泥炭土等材料改良土壤板结状况；采用石灰（硫酸钙、消石灰）改良酸性土壤；采用石膏和硫酸亚铁改良碱性土壤。当土壤过砂或过黏时，可采用砂黏互掺的办法来解决。

地表的坡度，须按设计意图、能顺利进行灌水和排水为基本要求，并注意草坪的美观。一般情况下，草坪中部略高、四周略低或一侧高另一侧低。

土壤层改良

10.3.2 翻耕

翻耕在于改善土壤通透性、提高保水能力、减少草坪扎根阻力。土壤深翻至草坪床面以下 30cm，确保土壤基础无明显空隙，为坪床紧实不下沉创造条件。

10.3.3 粗平整

建坪之初，应按照草坪对地形要求及项目景观绿化标准进行整理，如自然式的草坪则应有适当的自然坡度；规则式草坪则要求平整。根据设计地形要求和预留改良空间将标桩定在固定的坡度之间，挖去高出的部分和填平低洼的部分，粗平整是坪床的等高处理，通常是挖方和填方。填方应需考虑填土的沉降问题，应需加大填量外，尚需镇压，可采用滚筒或平板镇压器进行；对于填方较深的部位，应镇压或灌水，以加速沉降。在坡度较大而无法改变的地段，应在适当部位建造挡墙，以限制草坪的倾斜方向。

10.4 灌溉、排水系统

10.4.1 灌溉系统：

排灌系统的灌溉部分是供给草坪不足的水分。常见喷灌系统可分为三种类型

固定式、移动式、滴灌式。采用哪种喷灌系统要因地制宜，根据项目定位及经济、技术等指标论证选定。

固定式喷灌移动式喷灌滴灌式

10.4.2 排水系统：

排水系统目的是排走草坪区域多余水分。常规排水方式可分两类：地

表排水和非地表排水。建议 2000m2 以下集中草坪或宽度 30m 以下条形草坪宜利用地形自然排水处理，排水坡度宜控制在 0.3% ~ 10% 之间；若排水坡度大于 10%，应做好防止水土流失与防冲刷的处理。2000m2 以上集中草坪或宽度 30m 以上的条形草坪宜建设永久性地下排水管路，与区内排水管网系统连接。地下排水管铺设在草坪砂床层以下，间距 3m 为宜；排水管呈鱼骨形、网格状铺设。

10.5 场地细平整

将处理完毕的坪床土壤充分浇水 1–2 次后，利用滚筒适度滚压，由人工采用刮板操作将整个坪床基层处理平整。要求细平整后要保证坪床各材料均匀混合，坪床面耙平滑及一致，坪床无下陷。此环节为草坪建植坪床处理的重要节点。

坪床细平整

10.6 草坪与其他苗木搭接

10.6.1 与树木的关系

草坪面与树木种植的高度不一致时，必须处理好与树木的关系，若草坪低于原地面，需在树干周围保持原高度，向外逐渐降低至草坪高度，若落差较大，则应根据树冠大小，在适当的半径处砌筑挡土墙或采用其他有效的方法免使根系受害，若草坪面高于原地面，需在合适的半径处筑起保护墙。

10.6.2 与路面、建筑物的关系

草坪周边高度应低于路牙、路面或落水的高度 2 ~ 3cm，以灌溉水不致流出草坪为原则。如情况特殊，可砌筑雨水收集口，或加大坡度或砌起挡土墙。草坪与汀步结合部位需保证平整，脚踩无明显凹凸感为宜。

10.6.3 与灌木的关系

在两者之间依据灌木线形开设约 5 × 5cm 的凹线、V 线槽，以突出灌木种植线条，界定两者关系，或根据各地观赏习惯而定。

10.7 草皮铺植法

10.7.1 铺植前：坪床应先预先浇足底水，将草坪铺植工具准备齐全（平头铁锹、锄头、刮板、滚筒、水管等）。草坪卷须按时到场，并及时给草卷浇水，防治脱水死亡。

10.7.2 铺植阶段：建议采用满铺法，铺植需借用硬质铺装的排版工序（铺植规则型区域应从中轴线向两侧铺植；铺植不规则区域应选择由主入口向内铺植）。草皮接缝处必须密实，相邻草块间应尽量错开，铺后草坪用 200-300kg 的滚筒压平，小面积草坪宜采用镇板拍平，使草皮与面层土壤紧拉而无空隙；压平后建议最好在草坪表层增覆种植砂（2-3mm）并浇透水。坡地铺装草皮应用桩钉加以固定。

注意事项：草坪卷应尽早起运及早铺植；长距离采购草坪卷应下午 4 点或傍晚收获，夜间运输，清晨铺植效果最好；铺植后要立即浇水，待稍干后用滚筒反复重压。

草坪起运　　草坪铺植位置摆放

错缝密铺草　　　　皮铺植过程

10.7.3 播种法：一般适用于非重要区域的临时覆绿或工期允许的项目。选择适当草种在适宜播种季节进行，如华东地区的 9 月中下旬至 10 月中下旬，3 月中下旬至 4 月中下旬，温度在 20-25℃为最适播种时间。其次，对草籽播种量也应重点把控。

（1）施工工艺

草种入场自检——选择合适栽植区——地形细整——人工撒播——覆盖草帘子——浇水及施肥——养护

（2）操作要求

①播种前应对种子进行消毒，杀菌。

②整地前将要播种土地深翻 25-30 公分，翻土前将每亩地施用有机肥 30-35 公斤，并结合施肥将地下害虫防治药物同时施用。如土壤中垃圾石块多，应选择换土。

③播种时应先浇水浸地，保持土壤湿润，需将场地内的大块垃圾及土块使用铁耙清理干净，保证铺种场地内种植土细碎松散并将表层土耧细耙平，坡度应达到 0.3%-0.5%。整理后，将土压实，待压实后再用铁耙将压实土地表面耙出 3-5 公分深虚土。

④播种条件：地表温度 15–20℃，平均温度至少达到 25℃，需保持土壤湿润。

⑤播种前，清除杂物。松土，至少表面土壤有 5cm 翻松，为草种发芽提供基础条件。播种时需均匀播种。草种撒播前，根据气候条件温度，预先 1–2 天将草籽浸水。根据设计比例将处理好的草种和混合料拌和，均匀地撒播到已备好的表土区内，播种量 20–25g/ ㎡。

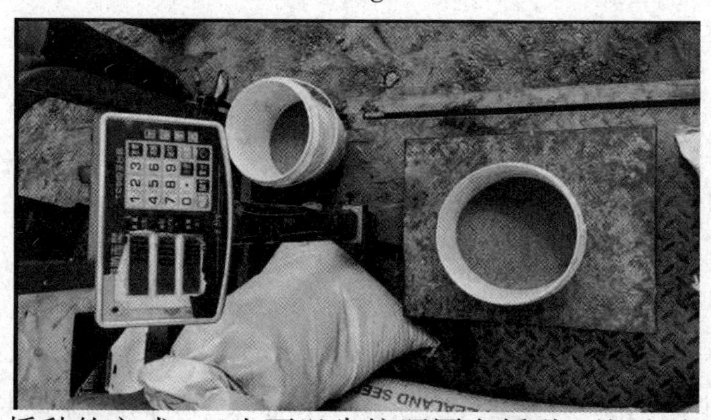

采取交叉播种的方式，工人可以先按照同向播种，然后再反向复播一次。

⑥播撒完毕，应用草帘子全部覆盖，起到保湿、防止浇水冲刷以及鸟类啄食影响后期成坪率。两幅相接叠加 10cm，然后固定，防止吹散。

⑦播种后应及时喷水，种子萌发前，干旱地区应每天喷水 1-2 次，水点宜细密均匀，浸透土层 8cm-10cm，保持土表湿润，不应有积水。草坪扎根前土壤需保持湿润。

⑧ 7-10 天出苗应去除草帘子，施肥，打药，防止嫩草蛀虫及发病，保证成活。成坪后应定期进行修剪。

⑨前期养护时间为每天养护两次，早晚各一次，早晨养护时间应在 10 点以前完成，晚上养护应在 16 点以后开始，避免在强烈的阳光下进行喷水养护，以免造成生理性缺水和诱发病虫害。在整个养护期中，须注意病虫害的防治。

（3）主控项目

①杂草及病虫害的面积应不大于 5%

②成坪后覆盖度应不低于 95%，单块裸露面积应不大于 25cm2。

③播种前应做发芽试验和催芽处理。

④播种时地表温度需满足 15-20℃，平均温度至少达到 25℃。

⑤播种前前应先浇水浸地细整找平，不得有低洼处。

⑥播种后应及时喷水，种子萌发前，应每天喷水 1-2 次，水点宜细密均匀，浸透土层 8cm-10cm，保持土表湿润，不应有积水。

⑦栽植后应覆盖草帘子保湿。

10.8 草坪建植养护与管理

草坪建植养护管理对幼坪能否顺利成坪关系非常重要。从建植到草坪成坪这段时间的养护管理称为幼坪培育期。幼坪养护管理期间最好减少人员践踏的次数，给幼坪顺利生长提供环境。幼坪培育主要有以下几项措施：灌溉、施肥、滚压、修剪（轧草）和病虫害防治等。

10.8.1 灌溉

1 浇水原则：少量多次、湿润根层为宜，不可造成地表径流。

2 浇水时间：浇水时间尽量选在上、下午气温较低时进行（避免中午高温时浇水，造成死苗）。

3 浇水方法：喷头调整成雨雾状，不可用水管直冲；有条件可采用地埋式或微喷带。

4 注意事项：炎热的夏季或干燥的秋季，注意保持草坪层湿润，每天浇水 1–2 次为宜；浇水时间限制为不形成明显水流即可，秋冬季可适当减少浇水频率。

浇水

10.8.2 施肥

1 施肥原则：肥料均匀分布、少施勤施是基本要求；固态肥料须控制在 10 ~ 15g/m2，液体肥料施用须严格按使用说明操作。

2 施肥时间：首次需施肥应在幼坪新叶长到 3 ~ 5cm 左右时进行，草坪进入生长旺盛期后一个月左右施肥一次。

3 施肥方法：施肥将肥料分为二等分，横向撒一半，纵向撒一半，在量少时还可以采用砂拌肥。液体肥料注意用水稀释到安全浓度，采用喷洒的方式。大面积草坪施肥，可用专用撒肥机进行，一般条件建议人工手撒即可。

4 施肥注意事项：施肥须在草坪干燥无露水时进行，以防止肥粒粘附到幼苗叶上引起灼伤；施肥后注意浇水。（图 11）

施肥

10.8.3 滚压

1 滚压原则：滚筒重量以碾压次数和目的而异，幼苗生长期宜轻压（50 ~ 60kg）。

2 滚压时间：春夏草坪生育期进行；若出于利用要求，适宜在建坪后、降霜期、早春开始剪草时进行。

3 滚压方法：建议采用手推滚筒，如小面积草坪铺植可采取木板镇压。滚筒重量在 200 ~ 300kg 为宜；行进匀速、直线式前进。

4 滚压注意事项：土壤黏重、土壤水分过多时不适滚压；草坪生长较弱时不适宜滚压。

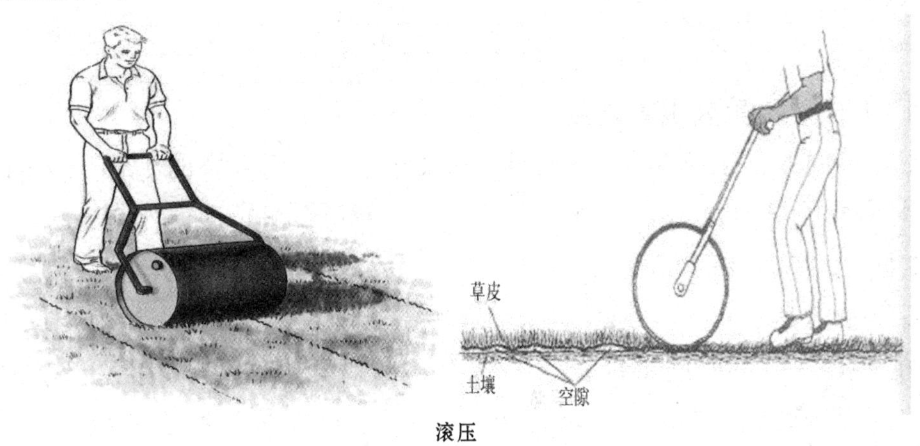

滚压

10.8.4 修剪

1 修剪原则：草坪修剪应遵循“1/3 修剪”原则：如苗高 6cm 时，建议留茬高度在 4cm 左右。

2 修剪时间：初次修剪在新枝条长出（3 ~ 5cm）即可，剪草应在草坪无露水的下午时进行，修剪次数因草坪建议留茬高度而定。

3 修剪方法：采用手推式滚刀型或旋刀型剪草机，行进匀速、直线式前进，修剪路线采取“米字型”或“十字形”进行。

4 修剪注意事项：草屑须随机带走，不宜留在草坪上；大面积草坪修剪不可选择侧挂式修剪机；避免高温高湿的环境下剪草，剪草后需喷施常规杀菌剂。

草坪修剪

常见草坪草的建议留茬高度

冷季型草坪	修剪留茬高度（cm）	暖季型草坪	修剪留茬高度（cm）
本特草	0.6 ~ 2.0	狗牙根	0.6 ~ 3.6
草地早熟禾	2.5 ~ 5.0	结缕草	1.3 ~ 5.0
高羊茅	3.8 ~ 7.6	海滨雀稗	0.5 ~ 2.8
黑麦草	3.8 ~ 5.0	假俭草	2.5 ~ 5.0

10.8.5 杂草和病虫害防治

1 防治原则：杂草防除原则是除小除早除净；病虫害防治要以预防为主、提前发现、提早治疗。

2 防治时间：梅雨季节、高温高湿等易发病虫害的时节

3 防治方法：杂草的防治建议采取人工拔除；病虫害防治采取喷洒适量广谱性保护杀菌杀虫剂每月喷施 1–2 次，如代森锰锌 + 甲霜灵、代森锰锌 + 杀毒矾 + 乙磷铝、甲霜灵 + 杀毒矾、甲霜灵 + 杀毒矾 + 乙磷铝混合使用，多菌灵单独使用，发病初期可以适当加大利用量，出现大面积病虫害选择特效型杀菌杀虫剂。

4 防治注意事项：除草剂及杀菌杀虫剂的种类、浓度、用量、时间需按使用要求操作；喷药后下雨则应及时补喷。

打药

10.5.6 草坪竣工验收标准

1 地形平滑、草坪平整，无明显凹凸不平。

2 草坪与灌木、路面、汀步及建筑等的关系符合导则 2.2.1 要求。

3 抽样检查，检查区内杂草数量少于 3 株／ m2。

4 草坪长势良好，均匀、致密，色泽正常，无病虫害和空秃斑块。

5 正常养护浇灌或雨天时无积水。

11. 花卉栽植

11.1 栽植深度应适当，根部土壤应压实，花苗不得沾泥污；

11.2 独立花坛，应由中心向外顺序栽植。

11.3 模纹花坛应先栽植图案的轮廓线，后栽植内部填充部分。

11.4 坡式花坛应由上向下栽植。

11.5 高矮不同品种的花苗混植时，应先高后矮的顺序栽植。

11.6 宿根花卉与一、二年生花卉混植时，应先栽植宿根花卉，后栽一、二年生花卉。

11.7 花卉栽植后，应在栽植完后三小时内浇水，并应保持植株茎叶清洁。

不正确做法：栽植时不同品种之间界限不明；花卉栽植后浇水时污染植株；栽植时高矮未分，花色混杂。

12. 水生植物栽植

12.1 水湿生植物栽植地的土壤质量不良时，应更换合格的栽植土，使用的栽植土和肥料不得污染水源。

水湿生植物的病虫害防治应采用生物和物理防治方法，严禁药物污染水源。

12.2 栽植槽的材料、结构、防渗应符合设计要求。

12.3 槽内不宜采用轻质土或栽培基质。

12.4 栽植槽土层厚度应符合设计要求，无设计要求的应大于 50cm。

12.5 水湿生植物栽植的品种和单位面积栽植数应符合设计要求

12.6 水湿生植物栽植后至长出新株期间应控制水位，严防新苗（株）浸泡窒息死亡

13. 竹类栽植

13.1 散生竹应选择一、二年生、健壮无明显病虫害、分枝低、枝繁叶茂、鞭色鲜黄、鞭芽饱满、根鞭健全、无开花枝的母竹。

13.2 丛生竹应选择竿基芽眼肥大充实、须根发达的 1 年 ~ 2 年生竹丛；母竹应大小适中，大竿竹竿径宜为 3cm ~ 5cm；小竿竹竿径宜为 2cm ~ 3cm；竿基应有健芽 4 个 ~ 5 个。丛生竹竹苗修剪时，竹竿应留枝 2 盘 ~ 3 盘，应靠近节间斜向将顶梢截除；切口应平滑呈马耳形；

13.3 栽植地应选择土层深厚、肥沃、疏松、湿润、光照充足，排水良好的壤土（华北地区宜背风向阳）；

13.4 竹类栽植地应进行翻耕，深度宜 30cm ~ 40cm，清除杂物，增施有机肥，并做好隔根措施；

13.5 栽植穴的规格及间距可根据设计要求及竹蔸大小进行挖掘，丛生竹的栽植穴宜大于根蔸的 1 倍 ~ 2 倍；中小型散生竹的栽植穴规格应比鞭根长 40cm ~ 60cm，宽 40cm ~ 50cm，深 20cm ~ 40cm；

13.6 竹类栽植，应先将表土填于穴底，深浅适宜，拆除竹苗包装物，将竹蔸入穴，根鞭应舒展，竹鞭在土中深度宜 20cm ~ 25cm；覆土深度宜比母竹原土痕高 3cm ~ 5cm, 进行踏实及时浇水，渗水后覆土。

14. 苗木组团搭配设计

14.1 园林搭配原则

14.1.1 以人为本原则

植物造景首先要满足城市绿地性质和功能的要求。满足人作为使用者的最根本的需求。实现其为人服务的基本功能。力求创造环境宜人、为人所用、尺度适宜，达到人景交融的亲情环境。园林景观应体现“参与性、实用性、使用性”。

适当增加香花植物、观果植物、药用植物作为科普用途，同时也增加了趣味性；在一些构架上栽植攀援植物。

14.1.2 科学性原则

1 适地适树，以乡土树种为主。

乡土植物对当地来说是最适宜生长的，也能体现当地特色的主要因素，理所当然成为城市绿化的主要来源。选用本地树种作为基调树种，具有明显季相变化的本地乔灌木，合理配植在各个组团。外来树种主要作为点缀。在一些主要的景观节点位置配置，起点睛作用。

2 因地制宜

根据现场生态环境的不同，因地制宜地选择适当的植物品种。使植物本身的生态习性和栽植地点的环境条件基本一致。在施工前期要对现场的环境条件（温度、湿度、光照、土壤等）进行勘测和分析，有针对性的选择相应的植物，如土壤盐碱化的可选用紫薇、合欢等品种，在阴面或林荫下种植耐阴植物。亲水性植物、耐湿植物配置于溪涧边。开花植物、色叶树种配植于阳面。

3 艺术性原则

植物景观必须具备科学性与艺术性两方面的高度统一，既满足植物与环境在生态适应上的统一，又要通过艺术构图原理体现出植物个体及群体的形式美。利用植物的形体、线条、色彩和质地进行构图。通过植物的季相变化来创造美丽景观。表现其独特的艺术魅力。

施工过程中要注意植物造景要与园林绿地总体布局协调一致，结合总体布局安排基调树种和植物丛落。针对具体景点和节点位置配置植物景观，全面考虑园林植物的季相和色相形态的统一与对比。合理地布局基调树种使园中各区域植物风格保持统一，通过布置不同的中层植物和地被来着重体现色、相、形的对比，又使各区域的景观具有自己的特色。

（1）根据现场的具体情况决定植物的种植方式。点植（节点位置）、列植（行道树）、片植（开阔空间）、丛植（组团）；

（2）种植风格上要协调，景观轮廓线起伏舒缓；植物丛落的疏密要大体平衡，地被种植的线条、色彩优美，草地平整舒适。

4、经济性原则

植物种植的密度要合理，坚持节约和可持续的原则。考虑到美观性、稳定性、针对性、长远性，多选用寿命长、生长速度中等、耐粗放管理、耐修建的植物，以减少资金投入和管理费用。

（1）植物种植的株间距要适宜，预留一定的空间供其生长；

（2）多选用中等规格的全冠苗木，少用只有树干没有冠幅的大规格苗木。

14.2 园林植物组团种植过程中注意的问题

14.2.1 基调树种在园林绿地的配置要结合园林整体布局进行安排。针对具体位置及其重要性的确定数量与规格，使园中各处植物景观有一个“统一主题”。

14.2.2 植物的合理布局能分隔空间，增加层次，美化环境，还可遮蔽

不雅观的地方；墙基、角落位置应以绿化植物过渡，打破垂直墙体僵直的感觉。通过植物遮挡对园外景物加以取舍后借景到园内扩大视线。

14.2.3 植物丛落中高大乔木和中层乔灌木的搭配要注意其形态是否协调，同时又要考虑中层乔灌木的生态习性是否有利于生长。喜阳的开花乔木、灌木不适宜种在高大常绿乔木下面。

14.2.4 人工修剪过的造型苗木不宜和自然生长的乔灌木混种在一起，保持适当的距离。

14.2.5 对不同的光照条件应分别选择喜荫、半耐荫、喜阳的植物种类。喜阳植物宜种植在阳光充足的地方。如果是群种植应将其安排在上层，耐荫的植物宜种植在林内或树荫下。

14.2.6 种植前先要测试土壤 PH 值，对不同 PH 值的土壤应选用相应的植物种类。

14.2.7 作为主景的植物景观要有相对稳定的形象，不能偏枯偏荣。常绿和落叶树种合理搭配。

14.2.8 植物材料作背景，但应根据前景的尺度、形式、质感和色彩等，决定背景植物的高度、宽度、种类的栽植密度以保证前后景之间既有整体感，又有一定的对比和衬托。背景植物材料一般不宜用花色艳丽，叶色变化大的种类。

14.2.9 季相景色是植物材料随季节变化而产生的暂时性景色，具有周期性。由于季相景观较短暂，有突发性，形成的景观不稳定，（如樱花）不宜单独将季相景色作为园景中的主景。为了加强季相景色的效果应成片丛地种植，同时也应该安排一定的辅助观赏空间，避免人流过份拥挤，处理好季相景色与背景或衬托的关系。

14.2.10 要体现植物景观的季相变化，需按照植物的生态习性，合理搭配植物。

1 观花植物按开花季节划分：

（1）春季：木兰科植物、迎春、毛杜鹃、海棠类、樱花、碧桃等；

（2）夏天开花的有：荷花、月季、紫薇、石榴、玉簪、萱草、栀子、夏鹃、美人蕉等；

（3）秋天开花的有：桂花、木芙蓉、木槿、葱兰、菊花等；

（4）冬季开花的有：腊梅、结香、茶花等。

（5）同时体现秋天季相特色的还可以采用多种观叶和观果树种，如：槭树类、火棘、无患子、银杏等。

2 按开花颜色分又可以分为：

（1）红花类：凤凰木、木棉、刺桐、茶花、勒杜鹃、红花紫荆、粉紫荆、红绒球、细叶紫薇；

（2）白花类：含笑、广玉兰、白玉兰；

（3）黄花类：黄槐、金合欢、美国槐、桂花、腊梅；

（4）其他颜色的有大叶紫薇、紫玉兰、绛桃、黄山紫荆、木槿等。

14.2.11 地被植物配置时，宜将生长较快的品种安排在里面。外围采用生长较慢、开花的或常绿的品种。一些落叶的地被植物可以种植到中间位置，冬季的时候不会裸露地表的泥土。

2.5 搭配示例

原则：乔木、灌木、草花、地被按层次分布，地被花卉以点缀为主，布置在灌木之前或之间，形成第一层次。

量较大花灌木配植少量但形态错落，球型冠与瘦长型冠搭配。彩叶与绿叶搭配，形成丰富的视觉效果。

阔叶小乔木或大乔木每组里只有 1–2 株，常绿乔木 1–3 株左右。

14.3 步骤图示

14.3.1 按照图集进行三维模型构建

1. 园冠阔叶大乔木
2. 高冠阔叶大乔木
3. 高塔形常绿乔木
4. 低矮塔形常绿乔木
5. 园冠型常绿乔木
6. 球类常绿灌木
7. 修剪色带
8. 小乔木
9. 竖形灌木
10、团型灌木
11、可密植成片的灌木
12、普通花卉型地被
13、长叶型地被
1
4
4
9
10
10
6
6
6
6
6
6
12
12
12

栽植图集

模型构建

1. 圆冠阔叶大乔木
2. 高冠阔叶大乔木
3. 高塔形常绿乔木
4. 低矮塔形常绿乔木
5. 圆冠型常绿乔木
6. 球类常绿灌木
7. 修剪色带
8. 小乔木
9. 竖形灌木
10、团型灌木
11、可密植成片的灌木
12、普通花卉型地被
13、长叶型地被

栽植图集

模型构建

1. 园冠阔叶大乔木
2. 高冠阔叶大乔木
3. 高塔形常绿乔木
4. 低矮塔形常绿乔木
5. 园冠型常绿乔木
6. 球类常绿灌木
7. 修剪色带
8. 小乔木
9. 竖形灌木
10、团型灌木
11、可密植成片的灌木
12、普通花卉型地被
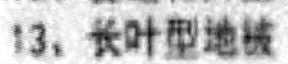
13、长叶型地被

栽植图集

模型构建

14.3.2 模型落地后进行分析

模型拆分设定拆分苗木标准

序号	名称	规格			数量
		胸径/地径	冠幅	高度	
1	丛生朴树	20cm	3m	6m	1
2	西府海棠	d10-12cm	2m	2.5-3m	2
3	白皮松 A	/	/	3.5m	1
4	大叶黄杨球	/	0.2m	0.4-0.45m	1
5	瓜子黄杨球	/	0.2m	0.4m	1
6	棣棠	/	0.2m	0.3-0.4m	3
7	紫叶小檗球	/	0.2-0.25m	0.4-0.45m	1
8	大花萱草	/	/	/	3
9	鸢尾	/			
10	高羊茅草坪				

根据模型编制苗木清单

模拟组团种植、整体移植

14.3.3 实际落地效果

二、市政工程

1. 地基处理

1.1 场地清理

1.1.1 工艺说明：

1 路堤填筑前应清除基底表层植被，挖除树根，做好临时排水设施与永久排水设施相结合。

2 路基基底清理后，应测高程报验认可，并检测压实度，达不到设计要求应先将土翻松打碎，再整平、压实。

3 原地面坡度陡于 1:5 时，应自下而上挖台阶。

4 经过水田、池塘、洼地时，应根据具体情况采用排水疏干、换填水稳性好的土、抛石挤淤等处理措施，确保路堤的基底具有足够的稳定性。

1.1.2 质量控制：

1 二级及二级以上公路路堤基底的压实度应不小于 90%；三、四级公路应不小于 85%。

2 路基基底原状土的强度不符合要求时，应进行换填。换填深度应不小于 30cm，并予以分层压实，压实度应符合规定。

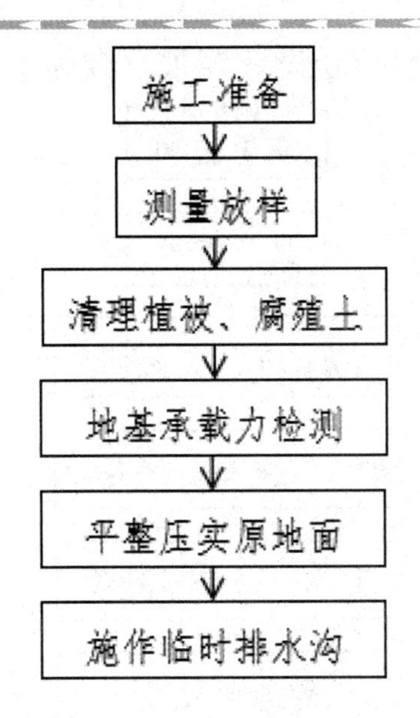

路基表面处理工艺流程图

1.2 路基排水

1.2.1 地表排水工艺说明：

1 各类防渗加固设施要求坚实稳定，表面平整美观。

2 路堤横向排水沟沟底纵坡由中心向两侧为 4%；横向排水沟与路堤边坡排水沟相接将水排出路基。路堤横向排水沟和路堤边坡上的排水沟均在路堤处于稳定后方可施工。

3 当开挖纵横向排水沟自然排水有困难的路段，应设集水坑，采取人工强制排水。

4 急流槽、平台截水沟随路基防护圬工同步砌筑，排水坡度、沟槽断面不得小于设计要求。

5 质量控制：

（1）排水设施纵坡顺适、曲线圆滑；沟底平整、排水畅通、无刷坡和阻水现象。

（2）干（浆）砌片石工程要求嵌缝均匀、饱满、密实，勾缝平顺无脱落、密实、美观，缝宽均衡协调；砌体咬扣紧密；抹面平整、压光、顺直，无裂缝、空鼓。水泥混凝土砌块强度符合设计要求，砌体平整，勾缝牢固。

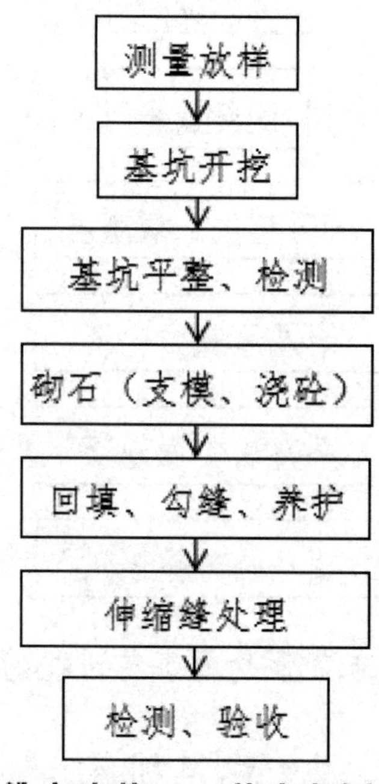

排水沟施工工艺流程图

1.2.2 地下排水工艺说明：

1 当地下水位较高、潜水层埋藏不深时，采用排水沟或暗沟截流地下水及降低地下水位，沟底宜埋入不透水层内。沟壁最下一排渗水孔的底部高出沟底不小于 0.2m。

2 排水沟或暗沟采用砼浇筑或浆砌片石砌筑时，在沟壁与含水地层接触面的高度处，设置一排或多排向沟中倾斜的渗水孔。

3 排除地下水的渗沟均必须设置排水层、反滤层和封闭层。渗沟沟内用作排水和渗水的填充料在使用前须经过筛选和清洗。

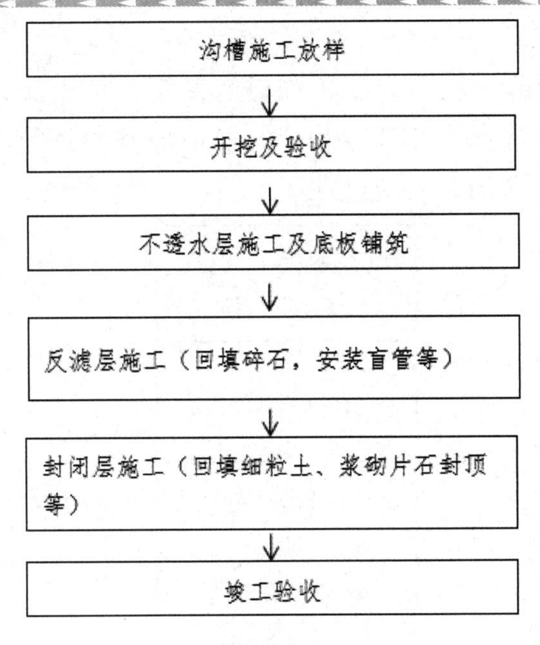

地下排水沟施工工艺流程图

1.3 特殊路基处理

1.3.1 挖除换填工艺说明：

1 换填施工以前应进行调查，对需换填的软土层范围及深度（包括地基中的孔洞、沟、井和墓穴）应仔细调查核实并处理。对填料进行选择和确认，对弃土场进行确认，自选弃土场应选择洼地，并根据地形条件设置挡土墙。

2 根据现场实际情况和工期要求划分施工段落，对施工作业先后顺序以及机械行走路线进行合理安排。

3 根据设计施工图纸测定换填的范围和深度。开挖深度在 2.0m 以内时，可用推土机、挖掘机清除至路基范围以外堆放或运至取土坑还田。开挖深度大于 2.0m 时，应由端部向中央分层挖除，同时修筑临时运输便道由汽车等运输工具将软土运至路基以外。

4 准备临时排水机械，疏干地表水，换填基坑内若有渗水应及时抽水排除。

5 换填地基面积大、软土底部起伏大于 5% 的应设置台阶，基坑开挖完成以后及时申请验收。

6 换填垫层铺筑前，应对软土表面进行修整，可采用人工配合机械。

7 开展施工前应选择不小于 100m 的换填地基段进行填筑、压实工艺性试验，确定合理的工艺参数和施工方法。

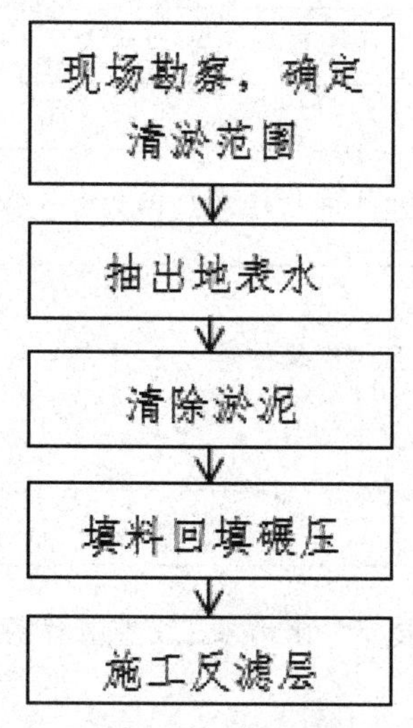

清淤换填工艺流程图

1.3.2 抛石挤淤

1 根据设计图纸及现场实际勘察情况，确定路基清淤换填范围，一般淤泥深度大于 2m 时采用抛石挤淤施工。为保证路基基脚稳定性，一般抛石基础顶面比路基要宽 1m，然后将抛石挤淤区域洒线标识。

2 应选用不易风化的片、块石，片、块石短边尺寸一般不得小于 30cm。淤泥底层平坦时，填筑应沿路基中线向前成三角形方式投放片石，抛投顺序以路堤的中部开始，向两侧扩展；当淤泥底层横坡陡于 1：10 时，应自高侧向低侧填筑，便于淤泥挤出。片石抛出水面后，再用重型压路机（加振动力不小于 40T）将片石压入软基中，并反复碾压直到路基稳定。片、块石应高出水面或淤泥层 1m，抛石基础应比路基宽 1m，以保证路基基脚稳定。

3 为便于积水排出，一般在抛石挤淤顶面上设置反滤层。垫层选用碎石、角砾、圆砾、砂砾等，应级配良好，不含植物残体、垃圾等物质。

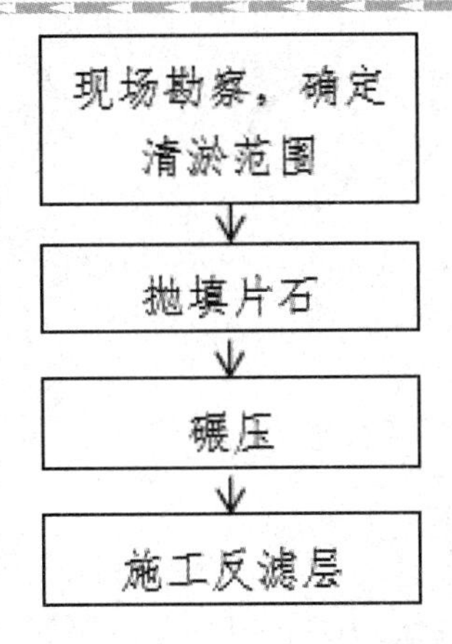

抛石挤淤工艺流程图

1.3.3 强夯作业工艺说明：

1 强夯技术参数选定强夯前应通过试夯选定施工技术参数，试夯区平面尺寸不宜小于 20m × 20m。在试夯区夯击前，应选点进行原位测试，并取原状土样，测定有关土性数据，留待试夯后，仍在此处附近进行测试并取土样进行对比分析，如符合设计要求，即可按试夯时的有关技术参数，确定正式强夯的技术参数。否则，应对有关技术参数适当调整或补夯确定。

2 夯点布置夯击点位置可根据基底平面形状，采用等边三角形布置、等腰三角形或正方形布置。第一遍夯击点间距可取夯锤直径的 2.5 ~ 3.5 倍，第二遍夯击点位于第一遍夯击点之间。

3 一般路基强夯法的有效加固深度必须符合设计及规范要求。

4 强夯顺序强夯应分段进行，顺序从边缘夯向中央，起重机直线行驶，从一边向另一边进行，每夯完一遍，用推土机整平场地，放线定位，即可接着进行下一遍夯击。强夯法的加固顺序是：先深后浅，即先加固深层土，其次加固中层土，最后加固表层土。最后一遍夯完后，再以低能量满夯一遍，有条件的宜采用小夯锤夯击为佳。

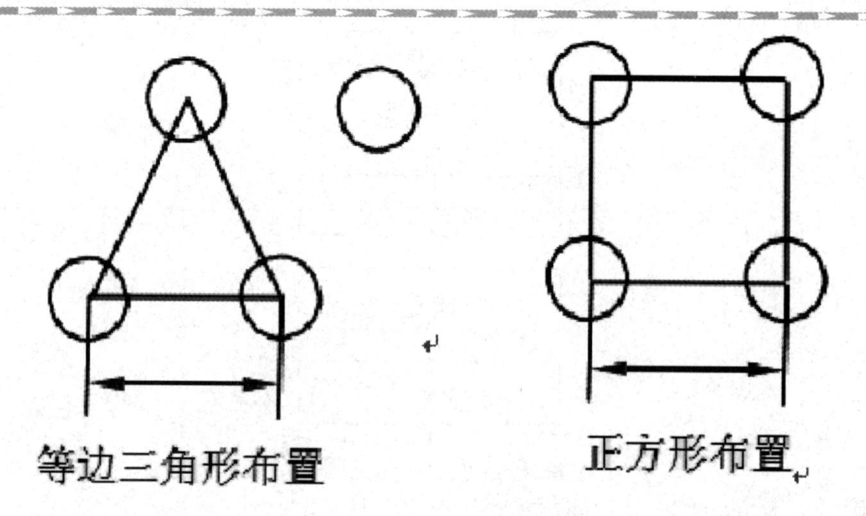

强夯夯点布置图

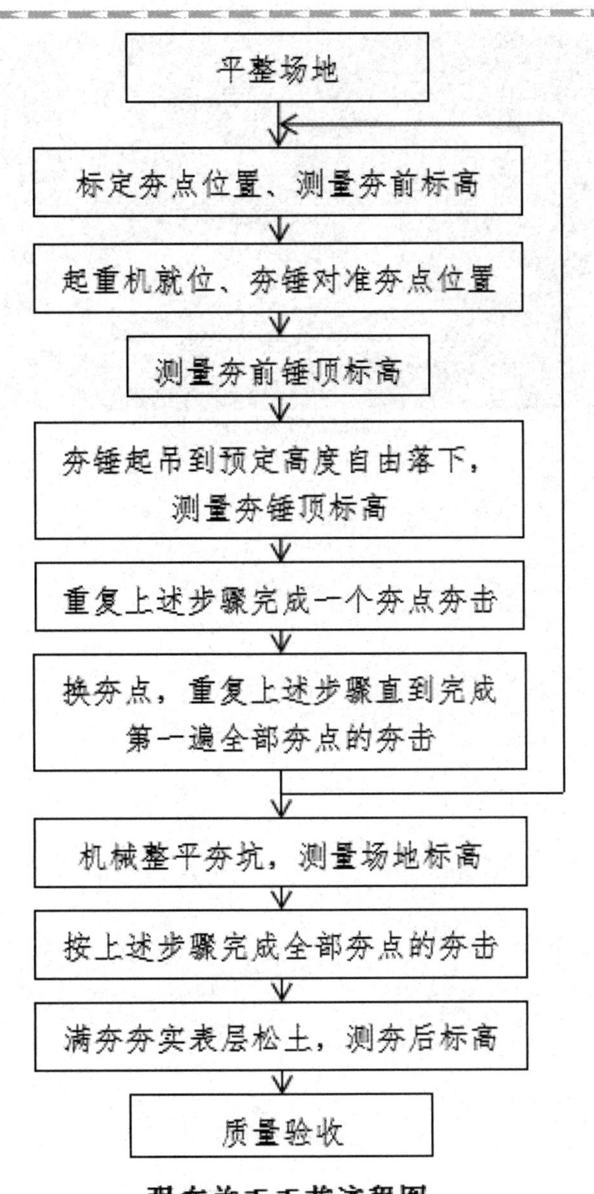
平整场地
标定夯点位置、测量夯前标高
起重机就位、夯锤对准夯点位置
测量夯前锤顶标高
夯锤起吊到预定高度自由落下，
测量夯锤顶标高
重复上述步骤完成一个夯点夯击
换夯点，重复上述步骤直到完成
第一遍全部夯点的夯击
机械整平夯坑，测量场地标高
按上述步骤完成全部夯点的夯击
满夯夯实表层松土，测夯后标高
质量验收

强夯施工工艺流程图

强夯设备夯锤提升

2. 路基填筑

2.1 施工准备

2.1.1 开工前进行路线复测，包括中线控制桩、水准点的复测。在开工之前进行施工放样，现场放出路基中线和边线、坡脚、边沟等具体位置。路基地基处理并经检验合格后，即可进行基床下路堤填筑施工。

2.1.2 对有关填料和地基处理场区内的土质进行土工试验，测试填料含水量、液限、塑性指数、天然稠度、密度、相对密度、击实度、承载比等指标，据此确定施工工艺及检测标准。

2.1.3 为确保路基施工中路堤填筑质量符合设计要求，在进行大面积路堤填筑之前，要进行工艺性试验，通过试验总结经验，确定合理的填筑参数，在施工中严格按照试验段的成果进行填料施工。

2.1.4 确定填料的类别；确定经济合理的机械组合、松铺厚度、碾压遍数、含水率等工艺参数；确定填料施工工艺；大面积路基填筑严格按照“三阶段、四区段、八流程”的施工工艺组织施工。路基填筑严格采用方格网控制填料量，以控制摊铺厚度，在施工摊铺过程中要消除粗细集料离析和“窝”或“带”现象，保证填料的均匀性和压实质量。碾压过程中，严禁表面有“弹簧”、松散、起皮等现象产生。

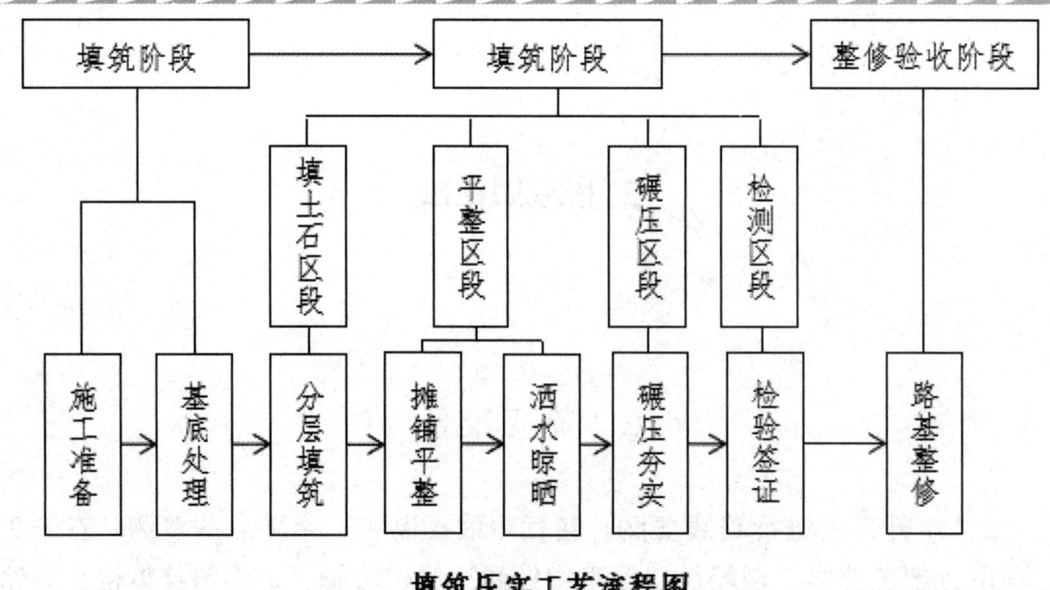

填筑压实工艺流程图

2.2 基底处理

2.2.1 路基用地范围内的树木、灌木丛等均应在施工前砍伐或移植清理，砍伐的树木应移置于路基用地之外，进行妥善处理。

2.2.2 路堤修筑范围内，原地面的坑、洞、墓穴等，应用原地土或砂性土回填，并按规定进行压实。

2.2.3 原地基为耕地或松土时，应先清除有机土、种植土、草皮等，清除深度应达到设计要求，一般不小于 15cm，平整后按规定要求压实。

2.2.4 基底原状土的强度不符合要求时，应进行换填，换填深度应不小于 30cm，并予以分层压实到规定要求。

2.2.5 基底应在填筑前进行压实。高速公路、一级公路、二级公路路堤基底的压实度应符合原设计要求，当路堤填土高度小于路床厚度 (80cm) 时，基底的压实度不宜小于路床的压实度标准。

2.2.6 当路堤基底横坡陡于 1：5 时，基底坡面应挖成台阶，台阶宽度不小于 2m，并予以夯实。

2.3 路基基床以下填筑

2.3.1 填土路基

1 必须根据设计断面水平分层填筑和压实。分层最大松铺厚度应根据试验确定，且不应超过 30cm；分层最小压实厚度不小于 10cm。性质不同的填料应分段填筑，同一水平层路基的全宽应采用同一种填料。每种填料的填筑层压实后的连续厚度应不小 50cm。

2 路堤填筑时，应从最低处起分层填筑，逐层压实；当原地面纵坡大于 12% 或横坡陡于 1:5 时，应按设计要求挖台阶，或设置坡度向内并大于 4%、宽度大于 2m、高度在 1m 内的台阶。

3 填方分几个作业段施工时，接头部位如不能交替填筑，则先填路段应按 1:1 坡度分层填筑，每层碾压至边缘，逐层收坡，待后填段填筑到位时，再把交界面逐层挖成不小于 3m 的台阶，分层填筑碾压；如能交替填筑，则应分层相互交替搭接，搭接长度不小于 3m。

4 填方路堤必须按路面平行面分层控制填土高程，为利于排水，填筑时路堤顶面应形成不小于 2% 横坡，设计纵横坡必须在下路堤范围内形成。

5 填筑、摊铺、碾压

（1）每层填筑严格执行“划格上土、挂线施工”。

（2）准备直径 3cm、长 150cm 红白相间（25cm 刻度）的花杆，在边线位置每隔 20m 插一根，依据花杆上的刻度连续挂好线绳，线绳应绷紧，作为机械平整时的依据，保证平整度和松铺厚度。

（3）运输车按要求卸料后，先用推土机粗平，对含水量进行检查，不合格要洒水或翻拌晾晒，合格后用平地机精平；检查松铺厚度、平整度，符合要求后方可碾压。

（4）先稳压，后振动碾压，压路机遵循从路边向路中、从低侧向高侧的原则；压路机的碾压速度不得超过 4km / h，错轮宽度对振动压路机不得小于压实轮的 1/3，对三轮压路机不得小于后轮的 1/2。

6 路堤填土每侧应宽于填层设计宽度不小于 30cm，超宽部分压实度必须满足填层压实度要求，不能满足时，在此基础上再适当增加填筑宽度，以保证超宽 30cm 内压实度合格，路基完成后削坡。

7 当路基填高超过 1.5m 时，路基顶面边缘应设置不低于 30cm、开口间隔不大于 30m 的挡水埂，开口处设置临时泄水槽至坡脚排水沟；施工中应随时检查挡水埂和临时泄水槽完好情况，及时修补。

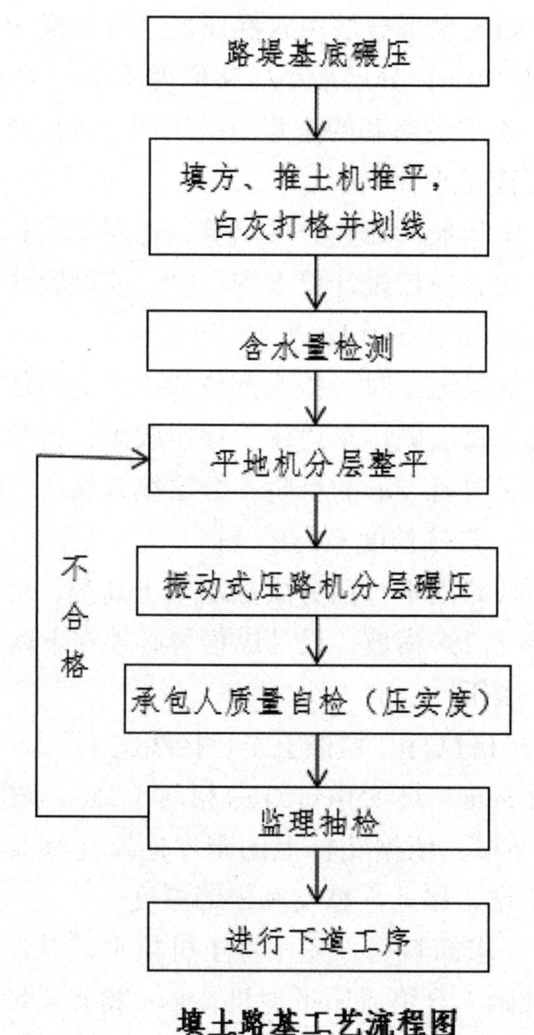

填土路基工艺流程图

2.5 路床表面级配碎石施工

1 路基基床表层质量控制要点主要抓好三个方面：填料与原材料控制、

施工过程控制、试验与检测控制。

2 严格控制填料及原材料质量，制定原材料的进货检验和进场前检查验收制度，杜绝不合格的材料进场。级配碎石选料标准应满足材料的规格、材质和级配的有关规定。路堤填料种类及原材料质量应符合设计要求。

3 严格按试验段总结的工艺流程组织施工，特别注意以下三道工序：

（1）拌和：级配碎石混合料用级配碎石拌和设备在拌和厂集中拌和，混合料需拌和均匀，采用不同粒径的碎石和石屑，按预定配合比在拌和设备拌制级配碎石混合料；

（2）摊铺：摊铺时以日进度需要量和拌和设备的产量为度，合理计算卸料需要量。基床表层下层的级配碎石的摊铺可采用摊铺机或平地机进行，顶层必须用摊铺机摊铺；

（3）碾压：采用三轮压路机、重型光轮振动压路机进行碾压，按实验段确定的碾压遍数和程序进行压实，使其达到规定压实度，且表面须平整，各项指标符合设计要求。碾压遵循先轻后重、先慢后快的原则。各区段交接处应相互重叠压实，纵向搭接压实长度不小于 2m，纵向行与行之间的轮迹重叠不小于 40cm，上下两层填筑接头应错开不小于 3m。

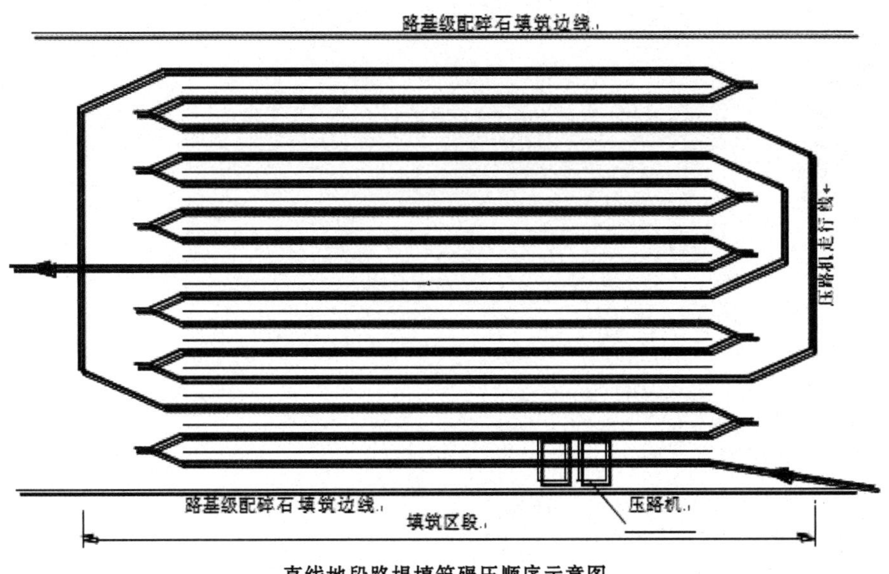

直线地段路堤填筑碾压顺序示意图

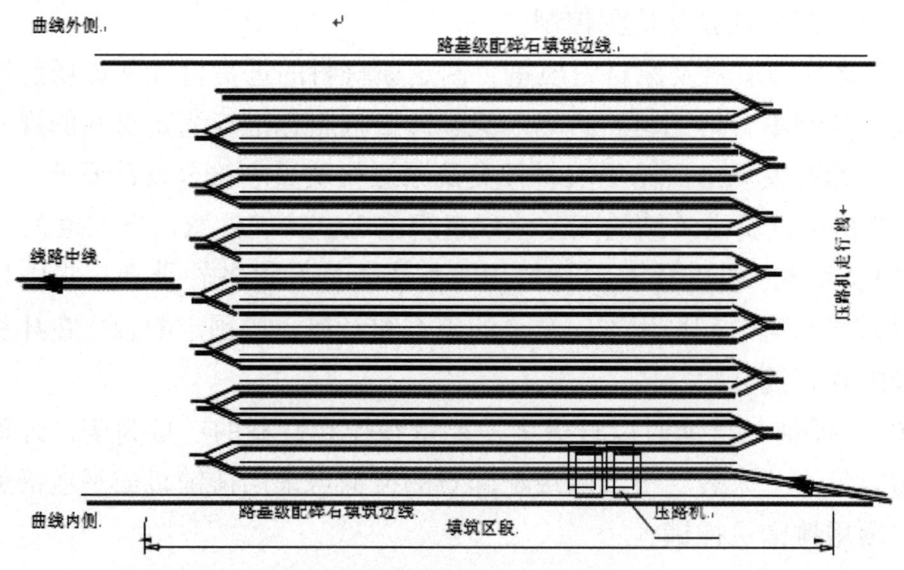

曲线地段路堤填筑碾压顺序示意图

3. 基层施工

3.1 石灰稳定土基层工艺说明

为了保证石灰土的强度能达到规定值，石灰土的拌和应尽量采用场拌法，但现在大部分施工均是采用路拌法施工，灰土施工过程对石灰土质量的影响较大。

3.1.1 拌和

路拌法施工石灰土很关键的一点是拌和层底部不能留有素土夹层，特别在两层灰土之间不能有素土夹层。素土夹层不单使上下层间没有粘结，明显减弱路面整体抵抗行车荷载的能力，素土夹层还会由于含水量增大而改变成软夹层，导致沥青面层的过早破坏。

3.1.2 摊铺

石灰土一般采用平地机进行摊铺和整形。此时平地机操作手的经验和技术水平对平整度至关重要。如果操作手技术不熟练，平地机反复刮平和碾压，摊铺层形成光面后又覆盖刮平的薄层混合料，在压实过程中会产生“起皮”现象，引起表层松散，这是石灰土施工中影响质量的棘手问题。解决“起皮”问题，一般须挖除表层土，以至填土厚度在 10cm 以上，再重新摊铺、整平。

3.1.3 碾压

整型后，当混合料处于最佳含水量 ±1% 时，可进行碾压，若表面水分不足，应适当洒水后再碾压，碾压时，按先轻后重的原则，直线段由两侧向中间压，曲线段由内侧向外侧压。横向碾压后轮应重叠 1/2 轮宽，纵向后轮必须超过两段的接缝，碾压一直进行到表面无明显轮迹、压实度达到规范要求为止。

3.1.4 养生

石灰土是一种水硬性材料，其强度形成需要一定湿度。在一定的湿度生时，能加速石灰土的钙化硬结，使其尽早成型。石灰至少要有 7d 以上的养生期，并保持一定湿度。但石灰土表层不应过湿或忽干忽湿，若表面缺水干燥，会引起表面松散而不能成型。若表面过湿，又会泡软灰土层，使其变形损坏，养生方法可视具体情况采用洒水、覆盖潮湿的砂或土以及用薄膜和沥青封闭，实践证明，覆盖潮砂或土养生效果较好且又经济，同时又能起到封闭交通的作用，刚压实成型的石灰土基层，在铺筑上一结构层之前，至少在保持潮湿状态下养生 5 ～ 7d。

3.2 级配碎石基层工艺说明

3.2.1 级配碎石优先采用厂拌法生产。一般采用稳定土厂拌设备，装载机配合上料，电脑程控计量，厂拌计量设备要经计量单位核准，并有专人操作维修，日常应对计量仪器进行校核。

3.2.2 为防止拌和好的材料在装料至汽车时发生离析，尽量保持拌合机出料口位于自卸车车斗的中部，并且尽量减小出料口与车斗的高度。在高温及风大的天气情况下施工，当运输路程较远或道路运输状况不良时，应将混合料表面进行覆盖，减少水的蒸发（挥发），运输途中，尽量保持汽车平稳运输，不得突然大起大落、剧烈颠簸，以防止加速集料离析。搅拌的混合料要现拌现用，严禁存放。施工中拌合能力、运输能力、摊铺能力要相互匹配、相互衔接。

3.2.3 拌和中须根据配比要求，结合天气、运输等条件，认真掌握好含水量，含水量对级配碎石质量影响极大，水少难以压实，水多造成离析。

3.2.4 根据理论配合比，做工程试验段，通过实践对配比进行调整，以确定实用的最佳配比及工艺参数。

1 调整含水量。级配碎石填筑中可能有多次补水过程（搅拌、摊铺碾压、养护），应根据天气等现实条件及实际经验，反复试验确定。施工过程中的含水量是保证级配碎石路面质量极为重要的因素。

2 调整颗粒集料含量。在理论配比计算中常常大颗粒偏高，易于离析，造成路面观感差，空隙率高，粗细颗粒应根据实际情况做局部调整（一般是增加细颗粒，减少大颗粒含量）。调整后的配比，除做工程检测外，关键指标仍需通过试验进行判定。

3.3 级配碎石填筑前准备

3.3.1 做好前道工序的验收工作。基床表层填筑前应对基床底层的压实度、弯沉值进行核对。

3.3.2 路基标高、中线、纵横坡平整度等项指标组织工序间的验收。在路基基床底层表面恢复线路中线，测设中心桩和级配碎石填筑宽度边桩（设计宽度向外移 20cm ～ 30cm 设置），在直线地段每隔 20m 设一组（3 根），曲线地段每隔 10m 设一组。

3.3.3 认真做好级配碎石的试验段，条件可能力争多做对比试验，通过填筑压实试验与质量检测试验，确定填筑工艺参数，制定施工工艺，送监理审查同意后再大规模施工。

3.3.4 由专人负责指挥卸车。用地平机摊铺时应采用方格网控制填料量，方格网纵向桩距不得大于 10m, 并结合“挂线法”控制虚铺厚度。用摊铺机时，采用“挂线法”控制虚铺厚度，虚铺厚度应按填筑工艺性试验确定的参数严格执行，虚铺厚度每层的填筑压实厚度不得大于 20cm, 最小填筑压实厚度不得小于 10cm。

3.3.5 推土机初平卸料后及时用推土机将混合料均匀摊铺，推土机摊铺时按桩位所示高程的虚铺厚度粗略摊平，目测局部有较大凹凸不平或局部未覆盖级配碎石的采用人工横向拉线，将不平的地方人工用铁锹找平，同时人工对级配碎石边线进行粗略顺直调整，力求表面平整、边线基本顺直。

3.3.6 用平地机将摊铺基本均匀平整的混合料进行精平，施工时，调整平地机刮刀的高程和倾斜角度，以便按规定的路拱坡度和虚铺厚度进行精确摊铺。用压路机在已精平的路段上快速碾压一遍，以暴露潜在的不平整，及时采用人工局部平整。

3.3.7 摊铺采用双机联铺，前后机位相距 10m，熨平板重叠 8 ~ 10cm。双机联铺时虽然没有施工缝，但是两机布料在交缝区的均匀性和一致性会比单机布料器范围内的均匀性、一致性稍差。两台摊铺机的布料宽度保持上下基层交缝区错开，保证基层整体性良好。联机摊铺的摊铺强度控制在 400t/h 左右，与拌和站的能力保持匹配。摊铺间隔时间不得超过 30min，超过 30min 时应按接缝处理。摊铺速度控制在 1.5 ~ 2.0m/min，施工过程中摊铺机不得随意变速、停机，保持摊铺的连续性和匀速性。防止过快造成混合料离析。摊铺时混合料的含水量宜高于最佳含水量 1%, 以补偿摊铺和碾压过程中的水分损失。在摊铺机后面设专人消除粗细集料离析现象，特别是粗集料窝或粗集料带应该铲除，并用新混合料填补或补充细混合料并拌和均匀。两作业段的横缝衔接处应搭接拌和碾压，第一段在末端只留 0.5m 进行初步碾压，第二段施工时，前段留下的未压实部分混合料必须铲除，再将已碾压密实且高程符合要求的末端挖成一横向（与路面垂直）向下的断面，然后再摊铺新的混合料，并间第二段一起碾压。机械摊铺平整后，要派足够的人力辅助整治，这是一个重要环节。对个别低凹或离析处人工找平，除去较大的颗粒，补平用料应选用小粒径碎石及石粉现场拌合为宜，不宜用大骨料。

3.3.8 碾压工艺碾压设备一般选用振动压路机。一般应遵循先轻后重、先慢后快的原则，如先静压 2 遍使大面平整，人工修整找平，然后重振 2 ~ 3 遍，轻振 1 ~ 2 遍最后静压 1 ~ 2 遍收光，具体程序及遍数，应由填筑工艺性试验确定。整形后当表面尚处湿润状态时应立即进行碾压，以防止水分丢失。碾压顺序、搭接、错缝要求同基床以下路堤碾压要求相同。但在纵向搭接压实长度 2m 范围内，接缝处填料应翻开并与新铺填料混合均句后再进行碾压。对靠电缆沟槽附近处的級配碎石，应采用冲击夯补压夯实。碾压中应控制好含水量，一般控制在 5 ~ 7% 较易达到碾压标准。碾压前检测含水量，当含水量大于最佳含水量 1% 以上时，应适当晾晒；当含水量小于最佳含水量应洒水（考虑碾压过程中的水份损失），采用人工洒水方式，可用喷雾器喷洒水雾，以求均匀并容易控制水量。洒水后静置 3 小时左右，等水分充分浸润集料后再进行碾压。

3.3.9 对碾压成型的级配碎石层，由于石粉的水化粘结作用，有一定的板结过程，一般 1 天的强度可达 60% 左右，3 天可达 70% 左右，7 天可达 85% 左右，因此养护期以 7 天为宜。养护期内禁止跑车扰动；保持含水量，按时喷雾洒水；防止大雨冲淋，细粒渗漏，如用草帘子、塑料布等进行覆盖养护。养护期后要做好成品保护工作，应严格限制车辆、控制车速，严禁在已完成的或正在碾压的路段上调头或急刹车。

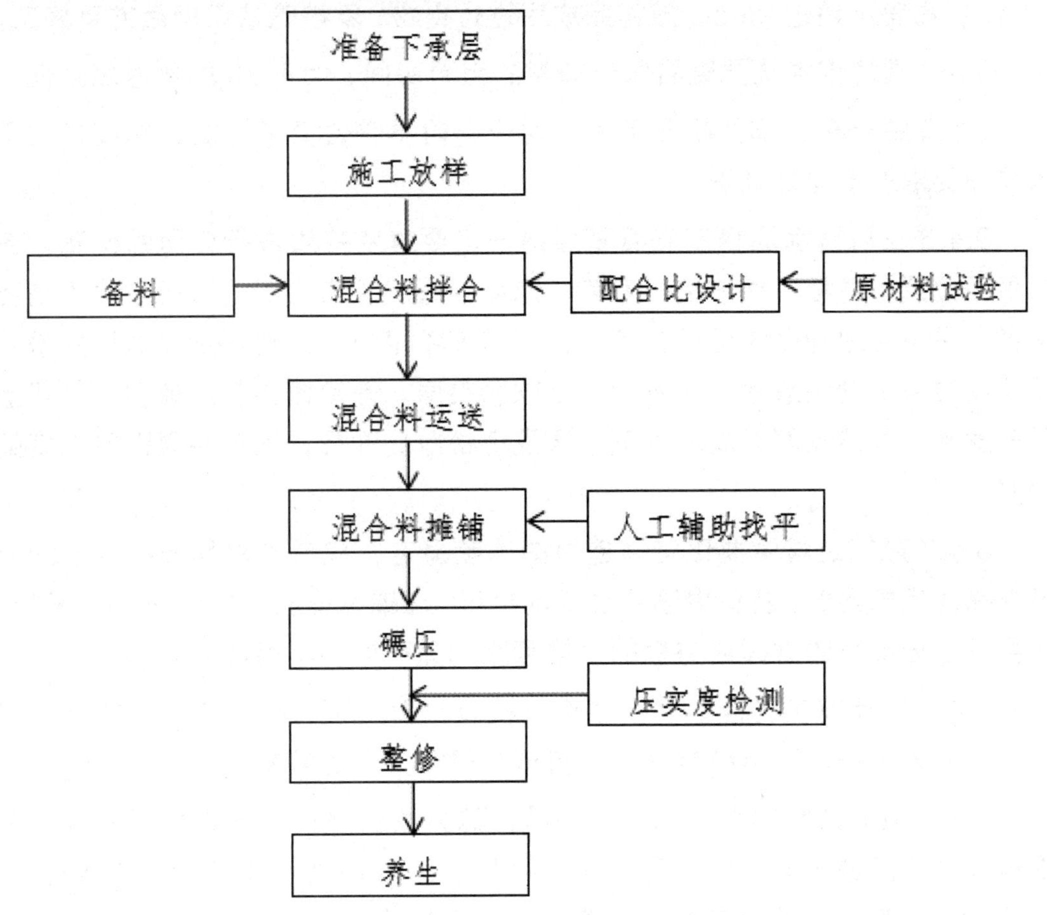

级配碎石底基层施工工艺流程图

3.4 水泥稳定碎石基层工艺说明

3.4.1 摊铺前检查路基宽度、平整度、压实度、高程及弯沉等要满足规范要求。

3.4.2 摊铺前场地要清洁、湿润。

3.4.3 每 10m 一桩，按照施工宽度进行打桩、放样。宽度误差不超过 2cm，标高差不超过 2mm，放样完成后进行自检、复核确认无误后方可施工。

3.4.4 现场技术员要查看每一车料的出料时间，大于 3h 的要返场处理。

3.4.5 每一车料都要帆布覆盖，对于覆盖不符合要求、混合料离析达不到摊铺要求的要返场处理。

3.4.6 在摊铺水泥稳定碎石基层前一定要对底基层进行全面的检测，包括平面位置、高程、横坡度、宽度、厚度、弯沉及表面清洁情况，达不到要求者，采用合理的办法进行处理（尤其厚度不足处），特别是底基层的松散及起皮材料要彻底清除，决不能留下软弱夹层。开始摊铺基层前在底基层上洒一遍水，保持表面湿润。若下承层发现松散或开裂，须查明原因并彻底处治好。

3.4.7 摊铺过程中要保持摊铺机的速度恒定，应考虑拌和场的生产能力与摊铺速度相匹配，避免中途不必要的停机，摊铺速度在 1.0~3.0m/s。另外，也要保证摊铺机的夯锤或夯板的震捣频率均匀一致，不得随意调整。

3.4.8 摊铺前对已挂好的钢丝进行检查，看是否有扰动破坏的情况，摊铺时有专人看护标高控制电脑；检查摊铺机摊铺是否偏移。

3.4.9 根据试验段得出的松铺系数计算好松铺厚度，摊铺机后面专人用钢板尺检测虚铺厚度、虚铺高度。（刚开始每 10m 为一个断面，稳定时 15 ～ 20m一个断面，全宽二分之一宽、零米宽处共 3 点）。

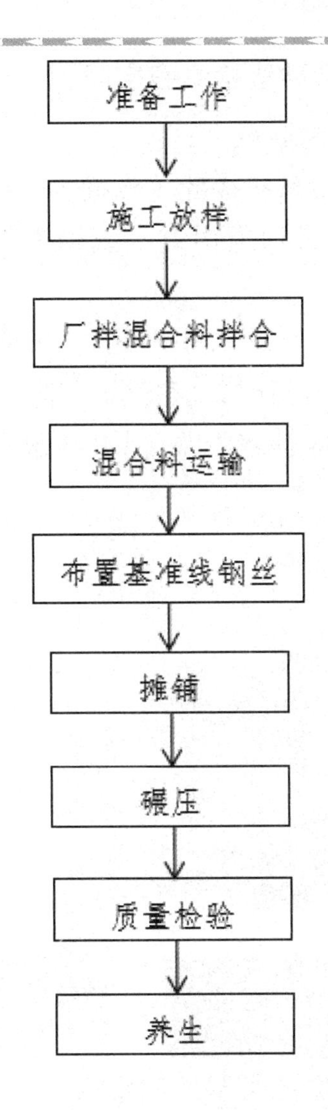

水泥稳定碎石底基层施工工艺流程图

3.4.10 水稳碎石基层碾压控制要点：道路两侧和交叉口圆弧等大型压路机辗压不到位的位置，应采用小型压实机械压实。

3.4.11 碾压要点：

1 一次碾压长度应控制在 50~80m 左右，分界处应设置明显标志；

2 压路机应保证 1/2 轮宽重叠；

3 严禁压路机在基层上掉头和急刹车；

4 全部辗压工作应在水泥初凝前完成，确有难度的应在试验确定的延迟时间内完成；

5 辗压完成后应即可用灌砂法检测密实度。

3.4.12 水稳基层接缝控制要点

1 纵缝：水稳应避免设置纵向接缝（冷缝）。确有需要的，纵缝尽量设置在车道分界线下，且接缝必须采用方木或钢模板支撑，严禁直接斜坡拼接.

2 横缝：水稳应连续作业，因故中断超过 2h 应设置横缝；当天停止施工处也应设置横缝。施工缝拼缝时，应挖除已铺筑的水稳基层 2~3m，结合面保持坚直并清理干净，后涂抹水泥浆（1.0~1.5kg/ ㎡），摊铺机从接缝处起步开始摊铺。

3.4.13 水稳基层养护及交通管制控制要点

1 碾压完成并质量验收后应及时养生。

2 采用土工布覆盖养生，经常补水，保持润湿。

3 常温下成活后应经 7d 养护。

4 洒水车的喷头要用喷雾式。

5 封闭交通，严禁重载车辆通行。

4. 侧模工艺

4.1 工器具

方木，支架，钢钎，砼，素土，钢(木)模板、电钻，大锤，振捣器，支撑加固工具，钢尺，木夯，侧模成型机等。应用范围：道路基层、面层摊铺边缘限制。

4.2 施工流程

4.2.1 木模(临时性边缘限制)：采用与基层压实厚度相同的方木作侧模，有两种定位方法。

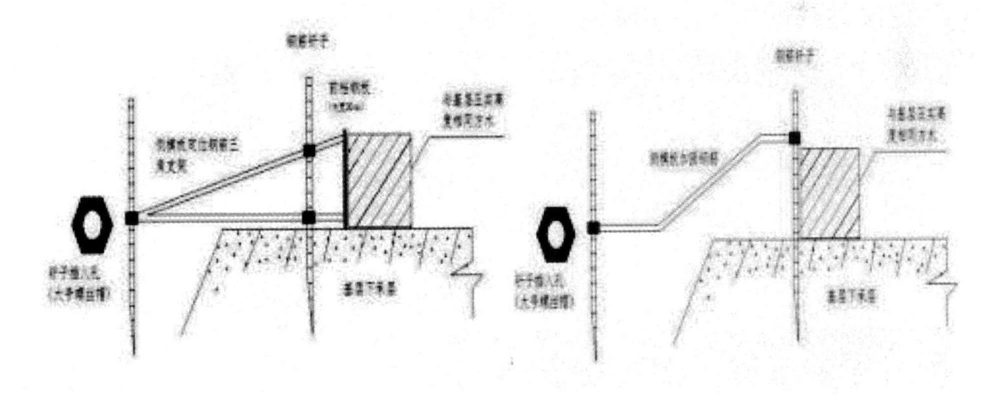

4.2.2 砼侧模(永久性边缘限制):根据道路基层结构、路缘石形式、施工顺序等因素设计。

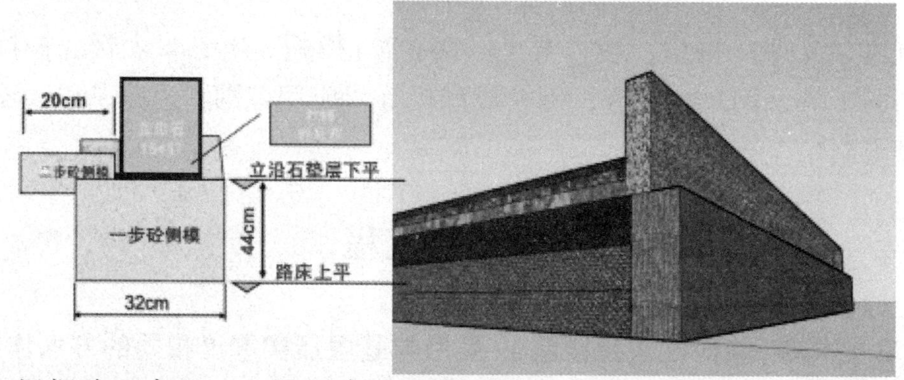

1 根据路面高程、立沿石高度和外露尺寸计算侧模高程，设置高程桩，制作与侧模等高的钢(木)模板，安装时必须顶平。

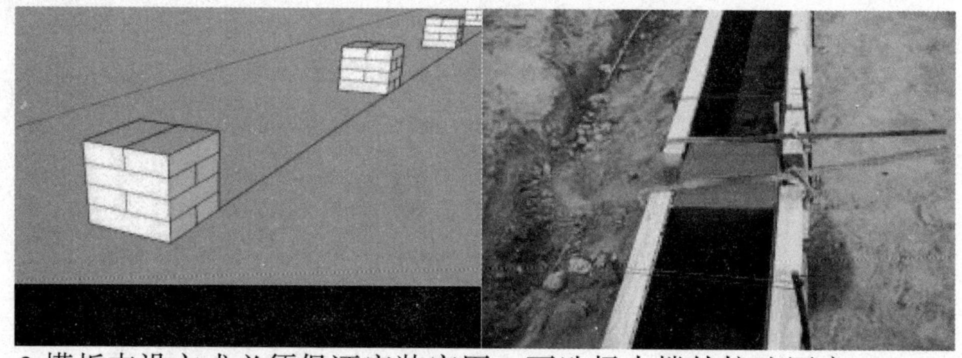

2 模板支设方式必须保证安装牢固，可选择内撑外拉法固定。

3 C20 砼分层浇筑，充分振捣，表面压光找平，及时覆盖洒水养护。

4 在侧模顶面将桩号、临时水准点、导线点及井位等作清晰标识；侧模内表面弹墨线作为各基层摊铺的基准线 (宜为摊铺层虚厚线)。

5 砼侧模内可以敷设设施管线，立沿石后背砼可作为绿化护栏基础。

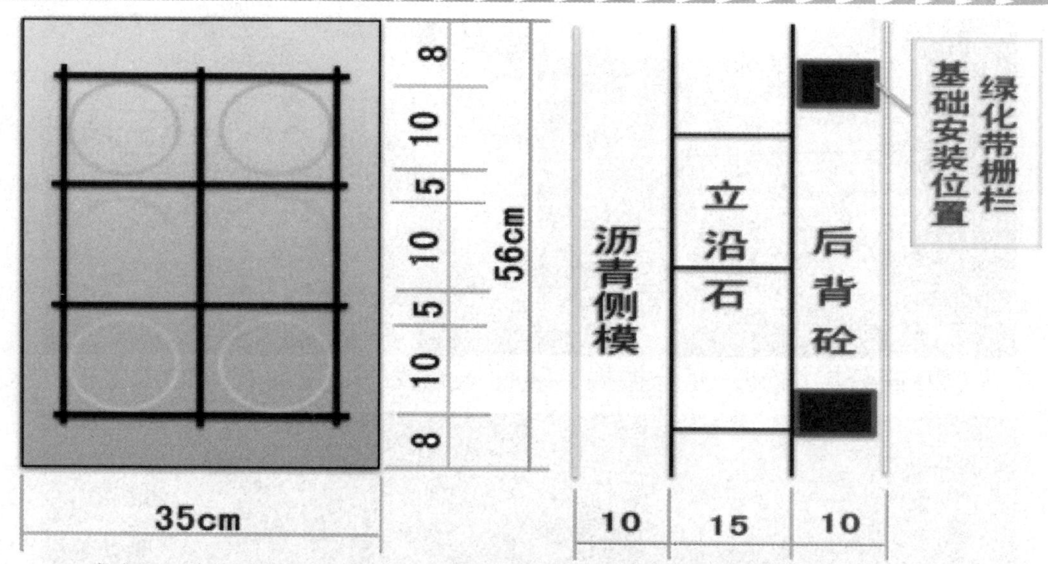

6 宽阔连续的施工场地可采用侧模成型机提高施工效率。

4.2.3 沥青面层砼侧模：平行于路缘石边部浇筑成型，宽度 10–20 厘米，路缘石侧面弹线标识浇筑高度，顶面与沥青中面层相平，表面压光、搓毛。

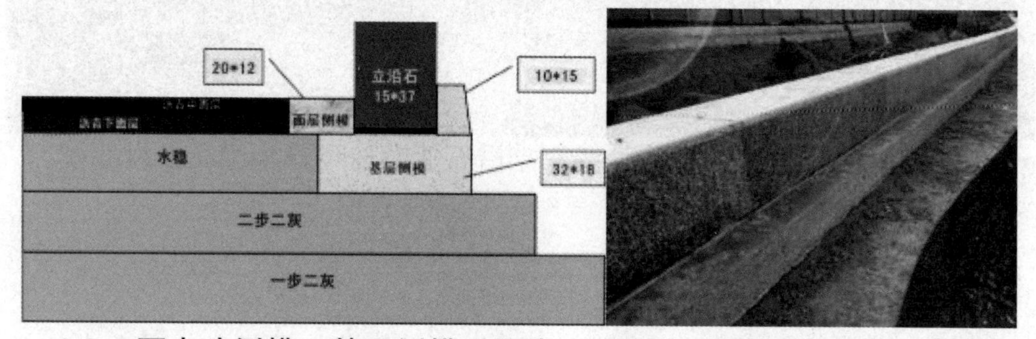

4.2.4 雨水斗侧模：基层侧模采用素土培制，面层侧模采用低标号砼成型，应位置准确、尺寸合适（不形成夹层、不影响摊铺）。

4.2.5 控制要点

高程控制，支撑牢固性，基层边部碾压保护，位置、尺寸。

5. 沥青混凝土面层基层施工

5.1 摊铺及碾压施工工艺说明

1 严格控制沥青的加热温度、矿料加热温度、沥青混合料温度，沥青混合料的拌和时间要使混合料拌和均匀、所有矿料颗粒全部裹覆沥青结合料为止，使沥青混合料均匀一致，避免出现花白料、结团成块、粗细料分离的现象。对于老化、滴漏及粗细料离析的混合料，予以废弃。拌好的沥青混合料不立即铺筑时，可放入成品储料仓储存，储料仓储料时间以符合摊铺温度为准，储存时间不得超过 24h，储存期间温降不得超过 10℃，否则予以废弃。

2 沥青混合料采用自卸汽车运输，运料前，车厢应清扫干净，为防止沥青混合料与车厢板粘结，车厢板和底板可涂一薄层油水混合液（柴油：水=1:3)，应注意不得有余液积于车厢底部。

3 从拌和机向运料车上放料时，每卸一斗混合料汽车应挪动一下位置，减少粗细集料的离析现象。

4 运料车应用篷布覆盖，用以保温、防雨、防污染。

5 沥青混合料运输车的数量较拌和能力和摊铺速度有所富余，施工过程中，摊铺机前至少要有不少于 5 辆料车在等候卸料。

6 连续摊铺过程中，运料车应在摊铺机前 10~30cm 处停住，不得撞击摊铺机，卸料过程中，运料车要挂空挡，靠摊铺机推动前进。车厢慢慢升起，将混合料缓缓卸入摊铺机料斗中，要相互配合确保不溜车。

7 摊铺机在开始受料前，在料斗内涂刷少量防止粘料用的油水混合液。

8 摊铺机自动找平方式，下、中面层采用两侧钢线引导高程的控制方式，上面层使用浮动基准梁。

9 沥青混合料必须缓慢、均匀、连续摊铺，摊铺速度根据拌和站产量，铺筑宽度、厚度等计算确定，起步控制在 1~2m/min，正常摊铺速度 3~4m/min，供料不及时的情况下，可适当放慢速度。摊铺过程中，摊铺机螺旋送料器要不停顿地运转，两侧要保持有不少于送料器高度 2/3 的混合料，保证在摊铺机全宽度断面上不发生离析。摊铺中出现拥包，立即停机，倒回重新摊铺，与路缘石结合部用人工配合平整。

11 机械不能到达的死角，拟采用人工摊铺整型。

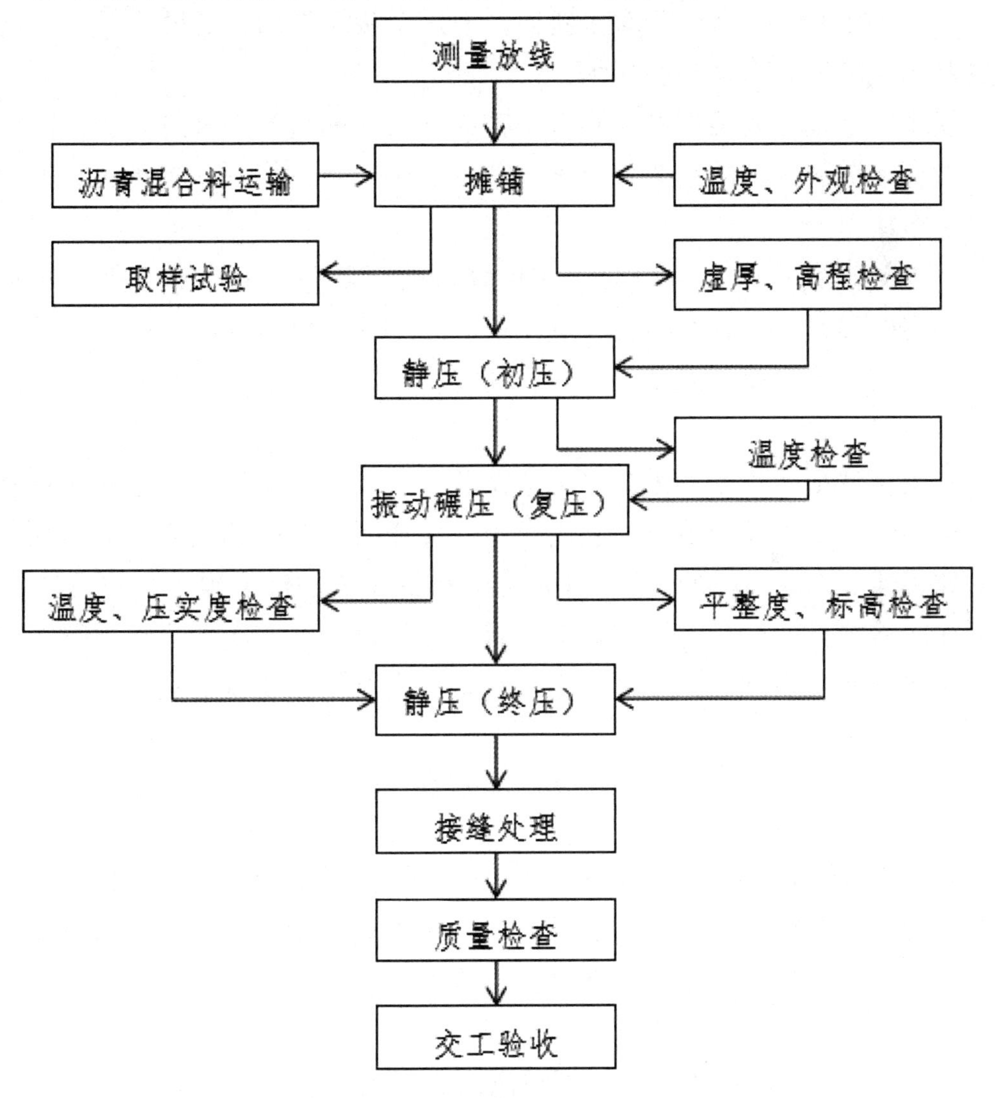

级配碎石底基层施工工艺流程图

5.2 施工缝控制

1 两台摊铺机梯队作业，施工纵缝为热接缝。当前一台摊铺机摊铺5~10m 时，后一台摊铺机开始摊铺，两台摊铺机中间架设铝合金导梁，前台摊铺面留出 l0~20cm 宽暂不碾压，作为后续部分的基准面。

2 压路机作跨缝碾压以消除缝迹，为提高接缝处的压实度，接缝处增加一遍碾压，施工后未发现明显纵缝。

横缝：每天摊铺结束处或施工中被迫停工时间较长处都应设置横接缝。用 3 米直尺在碾压好的端头处检查平整度，画上直线切割，将废料弃掉，并清理干净接缝处。

接缝处摊铺沥青混合料时，在接缝端面涂刷一道粘层油。将熨平板放到已压实好的路面上，在路面和熨平板之间垫一块厚度与松铺厚度相同的钢板。预热熨平板，使其温度同混合料的温度，第一车混合料的温度以摊铺温度上限为好。

为了保证横接缝处的平顺，摊铺后即用三米直尺检查平整度，去高补低，双钢轮压路机沿路横向碾压或斜向碾压，碾压时压路机的滚筒大部分在已铺好的路面上，仅有 10–15 厘米的宽度压到新摊铺的混合料上，再逐渐移动跨过横向接缝，然后改为纵向碾压，直至达到规定的密实度为止。碾压初期应对接缝处及其附近加强检查，力求消除各类常见的质量缺陷。

5.3 透层油施工

1 浇洒透层前，路面应清扫干净，尽量是基层表面骨料外漏，以利于乳化沥青与基层的粘结，对路缘石及人工构筑物应适当防护，以防污染。

2 透层沥青洒布后应不致流淌、渗透入基层一定深度，不得在表面形成油膜。

3 如遇大风或即将降雨时，不得浇洒透层沥青。

4 气温低于 10℃时，不宜浇洒透层沥青。

5 应按设计的沥青用量一次浇洒均匀，当有遗漏时，应用人工补洒。

6 浇洒透层沥青后，严禁车辆，行人通过，对于乳化沥青要有足够的破乳时间。但如确需开放施工车辆通行且透层乳化沥青未干时，应撒布少量石屑或粗砂。

7 透层洒布后，约需 6~12 小时的渗透时间，应禁止车辆通行。

5.4 粘层施工

1 双层式或三层式热拌热铺沥青混合料路面在铺筑上层前，其下面的沥青层已被污染；

2 旧沥青路面层上加铺沥青层；

3 水泥混凝土路面上铺筑沥青面层；

4 与新铺沥青混合料接触的路缘石、雨水进水口、检查井等的侧面。

5 喷洒表面一定要清扫干净，表面要干燥。

6 气温低于 10℃时或路面潮湿时，禁止喷洒。

7 喷洒粘层后，禁止行人车辆通过。

8 粘层油宜当天洒布，待乳化沥青破乳、水分蒸发完成，紧跟着铺筑沥青层，确保粘层不受污。

5.5 封层施工

1 上封层：根据情况可选择乳化沥青稀浆封层、微表处、改性沥青集料封层、薄层磨耗层或其他适宜的材料。

2 下封层：下封层宜采用层铺法表面处治或稀浆封层法施工。稀浆封层可采用乳化沥青或改性乳化沥青作结合料。下封层的厚度不宜小于 6mm，且做到完全密水。

3 集料撒布后立即用轻型轮胎压路机均匀碾压 3 遍，每次碾压重叠 1/3 轮宽，碾压应做到两侧到边，确保有效压实宽度。

4 气温低于 10℃时或路面潮湿时，禁止喷洒。

6. 给水排水管道工程

6.1 土石方与地基处理

6.1.1 施工降排水

1 明沟排水

明沟排水通常是当沟槽开挖到接近地下水位时，修建集水井并安装排水泵，然后继续开挖沟槽至地下水位后，先在沟槽中心线处开挖排水沟，使地下水不断渗入排水沟后，再开挖排水沟两侧土。如此一层一层地反复下挖，地下水便不断地由排水沟流至集水井，当挖深接近槽底设计标高时，将排水沟移置在槽底两侧或一侧，如右图所示。

2 轻型井点降水

人工降低地下水位是在含水层中布设井点进行抽水，地下水位下降后形成降落漏斗。如果槽底标高位于降落漏斗以上，就基本消除了地下水对施工的影响。地下水位是在沟槽开挖前人为预先降落的，并维持到沟槽土方回填，因此这种方法称为人工降低地下水位，如下图所示。人工降低地下水位一般有轻型井点、喷射井点、电渗井点、管井井点、深井井点等方法。

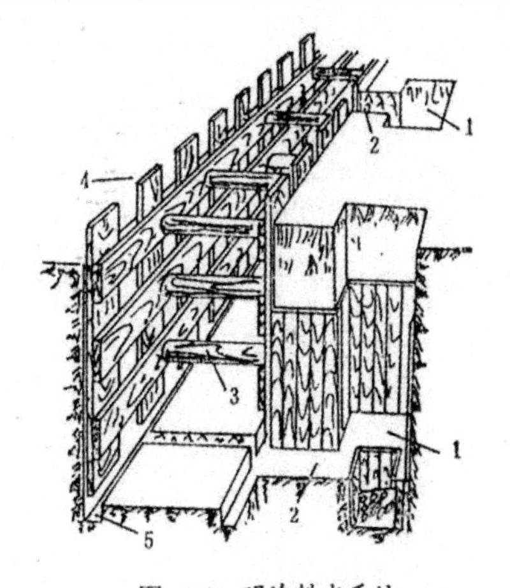

图 2-1 明沟排水系统

1—集水井；2—进水口；3—横撑；4—竖撑板；5—排水沟

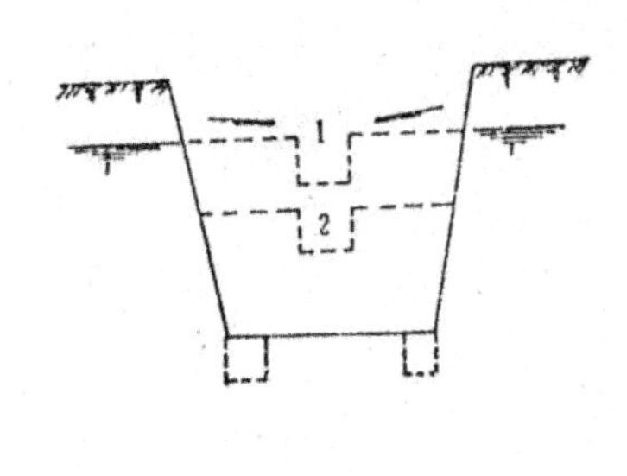

图 2-2 排水沟开挖示意图

排水沟开挖示意图

6.1.2 沟槽开挖及支护

1 沟槽支护

（1）在市政管道工程施工中，常用的沟槽支撑有横撑、竖撑和板桩撑3种形式。

（2）横撑由撑板、立柱和撑杠组成。可分成疏撑和密撑2种。疏撑的撑板之间有间距；密撑的各撑板间则密接铺设。

（3）疏撑又叫断续式支撑，如图a）所示，适用于土质较好、地下水含量较小的粘性土且挖土深度小于3m的沟槽。

（4）密撑又叫连续式支撑，如图b）所示，适用于土质较差且挖深在3～5m的沟槽。

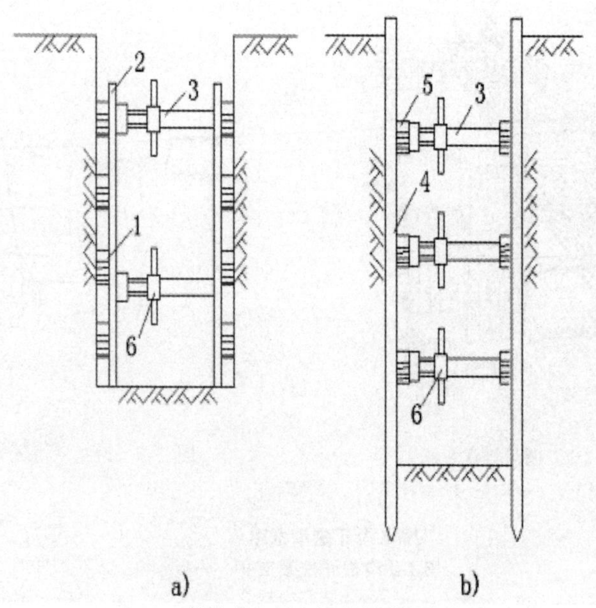

断续式水平支撑断续式竖向支撑

（5）板桩撑适用于沟槽挖深较大，地下水丰富、有流砂现象或砂性饱和土层以及采用一般支撑不能奏效的情况。目前常用的钢板桩有槽钢、工字钢或特制的钢板桩，其断面形式如图所示。钢板桩的桩板间一般采用啮口连接，以提高板桩撑的整体性和水密性。钢板桩适用于砂土、粘性土、碎石类土层，开挖深度可达 10m 以上。钢板桩可不设横梁和支撑，但如入土深度不足，仍需要辅以横梁和撑杠。

（6）从一角开始逐块插打，每块钢板桩自起打到结束中途不停顿。打法简便、快速，但单块打入易向一边倾斜，累计误差不易纠正，壁面平直度也较难控制。仅在桩长＜ 10m、工程要求不高时采用。又称单独打入法。

（7）支设支撑的注意事项：支撑应随沟槽的开挖及时支设，雨季施工不得空槽过夜；槽壁要平整，撑板要均匀地紧贴于槽壁；撑板、立柱、撑杠必须相互贴紧、固定牢固；施工中尽量不倒撑或少倒撑；糟朽、劈裂的木料不得作为支撑材料。

（8）支撑的拆除：沟槽内工作全部完成后，应将支撑拆除。拆除时必须注意安全，边回填土边拆除。拆除支撑前应检查槽壁及沟槽两侧地面有无裂缝，建筑物、构筑物有无沉降，支撑有无位移、松动等情况，应准确判断拆除支撑可能产生的后果。

（9）拆除横撑时，先松动最下一层的撑杠，抽出最下一层撑板，然后回填土，回填完毕后再拆除上一层撑板，依次将撑板全部拆除，最后将立柱拔出。竖撑拆除时，先回填土至最下层撑杠底面，松动最下一层的撑杠，拆除最下一层的横梁，然后回填土。回填至上一层撑杠底面时，再拆出上一层的撑杠和横梁，依次将撑杠和横梁全部拆除后，最后用吊车或导链拔出撑板。板桩撑的拆除与竖撑基本相同。

钢板桩入土 U 型板桩的相互连接

2 沟槽开挖

（1）在路基填筑完成后，路面未施工前，及时进行雨水工程的施工，开挖沟槽时，应合理确定开挖顺序、路线及开挖深度，然后分段开挖，开挖边坡应符合有关规范规定，直槽开挖必须加支撑，管沟开挖前要将所有障碍物清理干净，放出开挖的边线。沟槽底预留 20–30cm 厚度暂不开挖，待基坑验收后，采用人工整平，严禁超挖。

（2）挖土应自上而下、水平分段分层进行，每层30cm左右，边挖边检查宽度及坡度，不够时及时修整，至设计标高后再统一进行一次修坡清底，检查坑底宽及标高，要求坑底凹凸不超过1.5cm。弃土应及时外运，在沟槽边缘上侧临时堆土或堆放材料以及移动施工机械时，应与沟槽边缘保持lm以上距离，以保证边坡稳定。挖土期间沟槽边严禁进行大量堆载，地面堆载数量绝对不允许超过设计支护结构时采用的地面超载值。

（3）管沟挖完后应进行验槽，作好记录。管沟挖好后不能马上回填，因此必须采取一定的防护措施并派专人看护，以保证安全。

（4）挖土沟槽两侧应设路障等明显标志，夜间应设红灯，以防止行人或车辆造成事故，并设法保护与沟槽相交的电杆、标桩及其它管道、构筑物。

（5）在软土地区开挖基槽或管沟时，施工时必须做好地面排水和降低地下水位工作，地下水位应降至基底以下0.5～1.0m后时，方可开挖。降水工作应持续到回填完毕。相邻管沟开挖时，应遵循先深后浅或同时进行的施工顺序，并应及时做好基础，尽量防止对基底土的扰动。

（6）管沟的开挖过程中，应经常检查管沟壁的稳定情况并及时安装管道。作好原始记录及绘制断面图。如发现基底土质与设计不符时，需经有关人员研究处理，并做隐蔽工程记录。

（7）采用机械挖槽时，应向机械司机详细交底，其内容包括挖槽断面、堆土位置、现有地下构筑物情况和施工要求等，由专人指挥，并配备一定的测量人员随时进行测量，防止超挖或欠挖，当沟槽较深时，应分层开挖，分层厚度由机械性能确定。

6.2 沟槽回填

6.2.1 管道铺设完毕后并经检验合格后应及时回填沟槽，回填前应符合下列规定：

1 预制钢筋混凝土管道的现浇基础砼强度、水泥砂浆接口的水泥砂浆强度不应小于5MPa;

2 检查井井室、雨水口及其他构筑物的现浇砼强度或砌体水泥砂浆强度达到设计要求；

3 回填时采取防止管道发生位移或损伤的措施；

4 化学建材管道或大于 900mm 的钢管、球墨铸铁管的柔性管道在回填沟槽前，应采取措施控制管道的竖向变形；

5 雨期应采取措施防止管道漂浮；

6 回填的压实遍数、压实度要求、压实工具、虚铺厚度和含水量，应经现场试验确定。

7 管道沟槽回填前将沟槽内砖、石、木块等杂物清除干净，且沟槽内不得有积水，不得带水回填。

8 井室、雨水口及其他附属构筑物周围回填与管道沟槽同时进行，不便同时进行时应留台阶形接茬，回填压实时应沿井室中心对称进行，且不得漏夯；路面范围内的井室周围，应采用石灰土、砂、砂砾等材料回填，其回填宽度不宜小于 400mm，严禁在槽壁取土回填。

9 覆土时应注意管子顶部密实度，覆土应两侧对称分层夯实，对于机械碾压不到部位采用蛙式打夯机结合人工进行夯实；

10 人工打夯前应将填土初步整平，打夯要按一定方向进行，一夯压半夯，夯夯相连，行行相连，分层夯打。用小型机具进行夯实时，一般填土厚度不大于 25cm，打夯之前对填土平整，依次夯打，均匀分布，不留间隙；

11 在夯填过程中，应对每层回填土的质量进行检验，采用环刀法取样测定土的干密度和密实度，当符合设计要求后，再进行上层填筑；

12 管道施工完毕并达到一定强度后，及时分段进行闭水试验，合格后立即清底回填，防止暴露时间过长或遇水浸泡。为确保回填时的填土质量，通过预埋的盲沟抽水，以保证填土不被水浸；

13 采用土回填时，槽底至管顶以上 500mm 范围内，土中不得含有机物、冻土以及大于 50mm 的砖、石等硬块；在抹带接口处、防腐绝缘层或电缆周围，应采用细粒土回填；应采用轻型压实机具，管道两侧压实面的高差不应超过 300mm；

14 采用重型压实机械压实或较重车辆在回填土上行驶时，管道顶部以上应在一定厚度的压实回填土，其最小厚度应按压实机械的规格和管道的设计承载力，通过计算确定。

压实机具	虚铺厚度（mm）
木夯、铁夯	≤200
轻型压实设备	200~250
压路机	200~300
振动压路机	≤400

每层回填土的虚铺厚度

6.2.2 刚性管道的沟槽回填

1 回填压实应逐层进行，且不得损伤管道；

2 管道两侧和管顶以上 500mm 范围内胸腔夯实，采用轻型压实机具，管道两侧压实面的高差不应超过 500mm；

3 管道基础为土弧基础时，先填实管道支撑角范围内腋角部位；压实时，管道两侧对称进行，且不得使管道位移或损伤；

4 同一沟槽中有双排或多排管道的基础底面位于同一高程时，管道之间的回填压实与管道与槽壁之间的回填压实对称进行；

5 同一沟槽中有双排或多排管道的基础底面的高程不同时，先回填基础较低的沟槽；回填至较高基础底面高程后，再按前款规定回填；

6 分段回填压实时，相邻段的接茬应呈台阶形，且不得漏夯；

7 采用轻型压实设备时，做到夯夯相连；采用压路机，碾压的重叠宽度不得小于 200mm;

8 采用压路机、振动压路机等压实机械压实时，其行驶速度不得超过 2km/h;

9 接口工作坑回填时底部凹坑先回填压实至管底，然后与沟槽同步回填。

6.2.3 柔性管道的沟槽回填

1 回填前检查管道有无损伤或变形，有损伤的管道应修复或更换；

2 管内径大于 800mm 的柔性管道，回填施工时在营内设有竖向支撑；

3 管基有效支撑角范围内采用中粗砂填充密实，与管壁紧密接触，不得用土或其他材料填充；

4 管道半径以下回填时采取防止管道上浮、位移的措施；

5 管道回填时间宜在一昼夜中气温最低时段，从管道两侧同时回填，同时夯实；

6 沟槽回填从管底基础部位开始到管顶以上 500mm 范围内，必须采用人工回填；管顶 500mm 以上部位，可用机械从管道轴线两侧同时夯实；每层回填高度应不大于 200mm。

7 管道位于车行道下，铺设后即修筑路面或管道位于软土地层以及低洼、沼泽、地下水位高地段时，沟槽回填时先用中、粗砂将管底腋角部位填充密实后，再用中、粗砂回填到管顶以上 500mm。

6.2.4 井周回填

1 井周回填作业时，派专人指挥，防止机械设备破坏检查井；

2 井周按设计要求随路基分层填筑进行反开挖回填，回填料选择砂砾石、优质黏土，最大粒径不超过 5cm。

3 井周应采用人工分层回填夯实，每层填筑厚度不超过 20cm；

4 检查井沟槽回填前应清理所有材料、垃圾，排除积水。

5 路基回填时，大型机械设备施工，井周回填不密实，对井周采用人工反开挖整平压实。

6.3 开槽施工管道主体结构

6.3.1 管道基础

1 在沟槽开挖完成，经验收合格后，即可进行垫层施工，经验收后，浇筑平基混凝土，待混凝土强度达到要求后进行安管，然后进行护管混凝土浇筑。

2 根据管位的平面位置，恢复中线，测出边桩高程，由此控制其厚度，宽度及标高。

3 混凝土应随拌随用，不得使用超过初凝时间的拌和料，混凝土浇筑前应按一定的厚度，一定的次序，顺着一个方向浇筑前进，不得无层次的各处乱倒，混凝土在浇筑中，浇筑入仓的混凝土不得任意加水。

4 管座混凝土靠插入式振动棒来完成，操作时快插慢拔，直上直下，管道两侧同时振捣；振捣时人工要及时进行找补，确保混凝土厚薄一致。浇捣混凝土时，操作者不要踏在钢筋上，靠近模板的捣实工作，应格外注意，在浇捣工作的交接班时，应由交班工人负责将已浇筑进入仓的混凝土全部振捣完毕之后，方可离开岗位，不得留待接班人员来振捣。

5 养护应在表面混凝土初凝后方可开始，在炎热和干燥的天气中，应在浇筑后 2-3 小时内加盖和开始洒水以保持湿润。养护时间视气候温度而定，一般不少于 14 天，当气温低于 5℃时，不得洒水养护，应做好保温措施以防混凝土受冻。

6.3.2 钢筋混凝土管平基法

1 雨水管道覆土 1 ~ 6 米，采用 I 级钢筋混凝土管；管道覆土 6 ~ 7.5 米，采用 II 级钢筋混凝土管；管道覆土为 0.7 ~ 1 米、7.5 ~ 9.0 米，采用 III 级钢筋混凝土管；当管顶覆土大于 9 米或小于 0.7 米时，采用 360° 混凝土基础，满包混凝土加固。管道横穿箱涵底下段及覆土小于 0.7m 时，采用混凝土满包，厚度 20cm。

2 浇筑混凝土平基：在验槽合格后应及时浇筑平基混凝土。平基混凝土的高程不得高于设计高程，低于设计高程不超过 10mm，并对平基混凝土覆盖养生。

3 下管：平基砼强度达到 5MPa 以上时，方可下管。大直径管道采用吊车下管，小直径管道可采用人工下管。

4 安管：安管的对口间隙，直径大于等于 700mm 时为 10mm 左右，直径小于 700mm 时可不留间隙。

5 浇筑管座砼：平基应凿毛冲洗干净，平基与管子接触的三角部位，应用与管座混凝土同强度等级砼填捣密实，浇筑管座砼时，应两侧同时进行，以防管子偏移。管座类型及支承角参照设计图纸及 06MS201。

6 接口抹带：

（1）水泥砂浆抹带：抹带及接口均用 1:2.5 水泥砂浆，抹带前将管口及管外皮抹带处洗刷干净。直径小于等于 1000mm, 带宽 120mm, 带厚均为 30mm; 直径大于 1000mm，应采用钢丝网水泥砂浆抹带。抹带分两层做，第一层砂浆厚度约为带厚的 1/3, 并压实使管壁粘接牢固，在表面划成线槽，以利于与第二层结合。待第一层初凝后抹第二层，用弧形抹子捋压成形，初凝前再用抹子赶光压实。抹带完成后，立即用平软材料覆盖，3~4h 后洒水养护；

（2）钢丝网水泥砂浆抹带：直径小于等于 1000mm, 带宽 200mm, 带厚 25mm, 钢丝网宽度 180mm; 直径大于 1000mm, 带宽 250mm, 带厚 35mm, 钢丝网宽度 220mm, 插入管座深为 100~150mm。抹带亦采用 1:2.5 水泥砂浆，抹带前将管口抹带宽度范围内管外壁凿毛、刷净、润湿。抹带前先刷一道水泥浆，在带的两侧安装好弧形边模，抹第一层砂浆厚约 15mm, 紧接着将管座内的钢丝网兜起，紧贴底层砂浆，上部搭接处用 20 号镀锌钢丝绑牢，钢丝网头应塞入网内使网表面平整。第一层水泥砂浆初凝后再抹第二层水泥砂浆，初凝前赶光压实，并及时养护。抹带完成后，一般 4~6h 后可拆模；

（3）橡胶圈接口：弹性密封橡胶圈的外观应光滑平整不得有气孔、裂缝、卷褶、破损、重皮等缺陷。钢筋砼管管道安装时，承口内工作面、承口外工作面应清洗干净；套在插口上的圆形橡胶圈应平直、无扭曲。安装时，橡胶圈应均匀滚动到位，放松外力后回弹不得大于 10mm，就位后应再承插口工作面上。

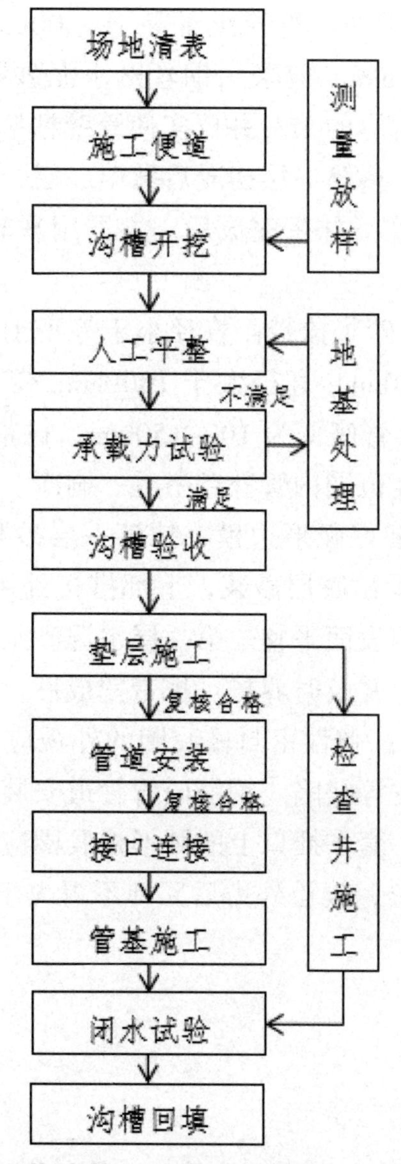

平基法施工工艺流程图

6.3.3 钢筋混凝土管四合一法

1 “四合一”施工法是将混凝土平基、稳管、管座、抹带 4 道工序合在一起施工的方法。这种方法施工速度快，管道安装后整体性好，但要求操作技术熟练，适用于管径为 500mm 以下的管道安装。

2 其施工程序为：验槽→支模→下管→排管→四合一施工→养护。

3 若采用 135° 或 180° 管座基础，模板宜分两次支设，上部模板待管道铺设合格后再支设。

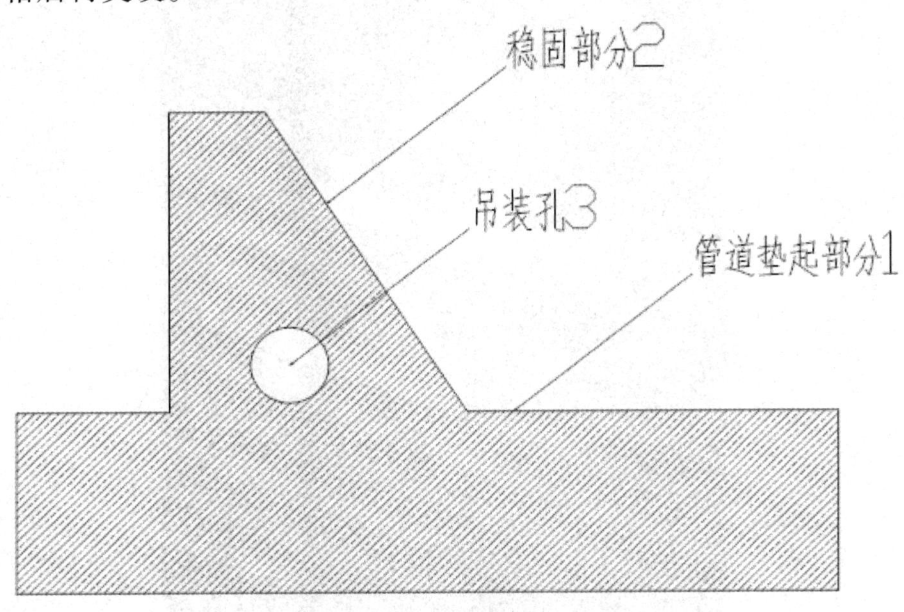
稳固部分2
吊装孔3
管道垫起部分1

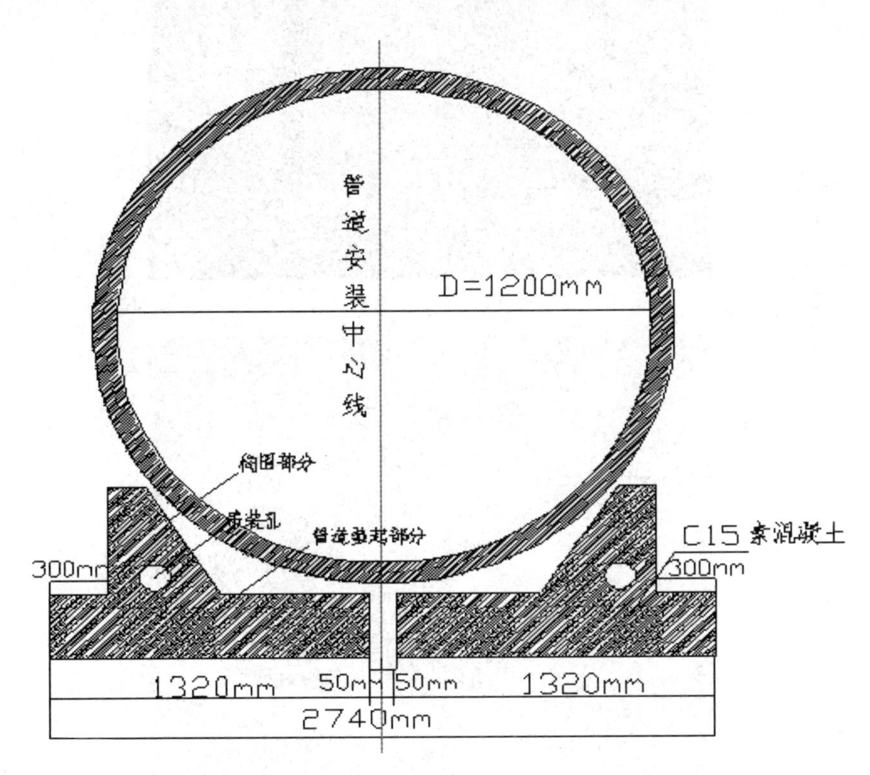
管道安装中心线
D=1200mm
稳固部分
吊装孔
管道垫起部分
C15 素混凝土
300mm
300mm
1320mm
50mm
50mm
1320mm
2740mm

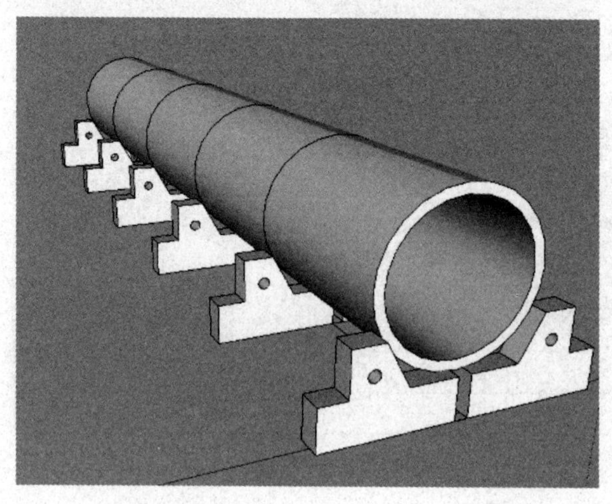

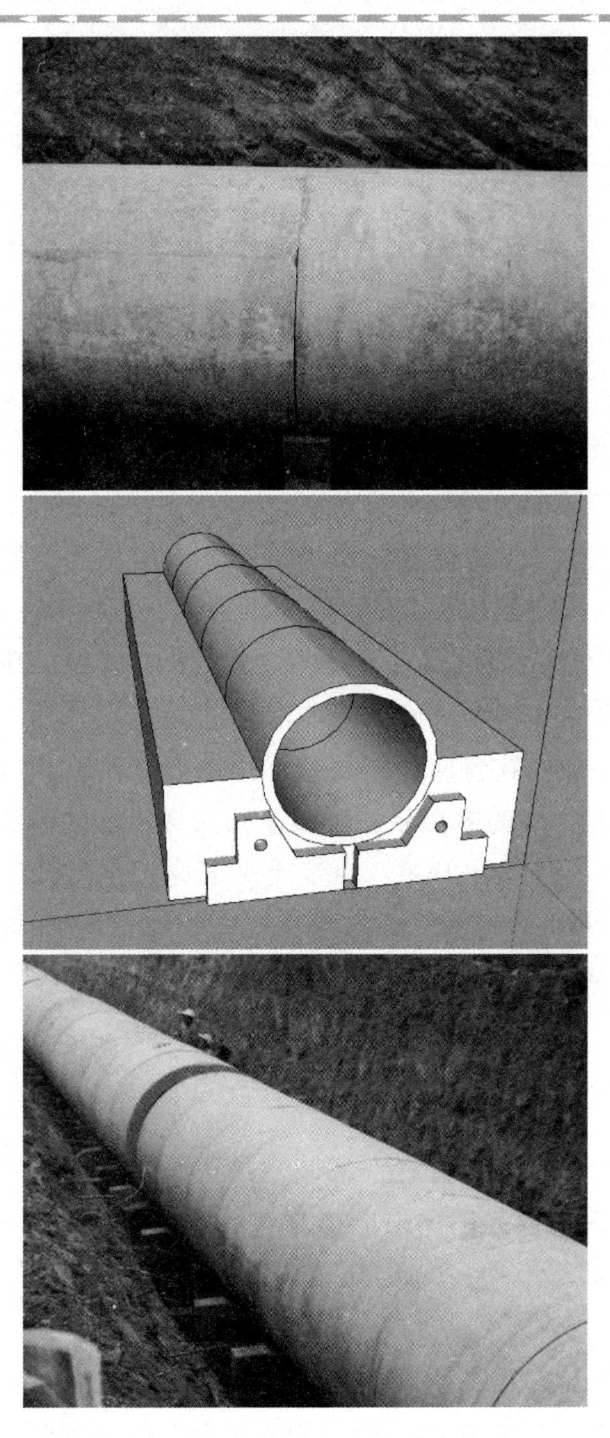

7. PP-HM 排水管施工

7.1 管道基础

7.1.1 PP-HM 排水管道基础中的接口、连接等部位的凹槽，宜在铺设管道时随铺随挖，凹槽长度 L 按管径大小采用，宜为 40 ~ 60cm，凹槽深度 h 宜为 5 ~ 10cm，凹槽的宽度 B 宜为管径的 1.1 倍。接口施工完成后，凹槽应随即用中粗砂回填，回填应达到设计要求的密实度。

7.1.2 地基处理：在管底以下原状土地基或者回填夯实的地基上铺设一层厚度不小于 200mm 的中粗砂基础层。做法详《埋地聚乙烯排水管管道工程技术规程》CECS 164:2004。当位于洪堤保护圈范围内管道基础应满足防洪抗渗要求：管道垫层基础采用优质粘土，压实度不低于 0.95，防渗系数小于 10-5cm/s。

7.2 管道铺设

7.2.1 采用人工方式下管时，应使用带状非金属绳索平稳溜管入槽，不得将管材由槽顶滚入槽内；采用机械方式下管时，吊装绳应使用带状非金属绳索，吊装时不应少于两个吊点，不得串心吊装，下沟应平稳，不得与沟壁、槽底撞击。

7.2.2 管道安装时应将插口顺水流方向，承口逆水流方向；安装宜由下游往上游依次进行；管道两侧不得采用刚性垫块的稳管措施。

7.2.3 采用 C30 素混凝土基础。当管道埋深大于 0.7 米，小于 9 米时，采用 180° 素混凝土基础。当管道埋深大于 9 米，小于 0.7 米时，采用 360° 素混凝土基础。雨水连管：考虑到管道埋深较浅，为保证道路结构层密实度要求，采用 C30 素混凝土包封处理。管道横穿箱涵底下段及覆土小于 0.7 米时，采用混凝土满包，厚度为 20cm。

7.3 管道连接

7.3.1 小于 1200mm 宜采用密封圈承插连接；大于等于 1200mm 管材宜采用电热熔承插连接或电热熔承插连接与热熔挤出焊接组合连接。

7.3.2 PP–HM 排水管采用密封圈承插连接时，宜采用双胶圈连接。

7.3.3 橡胶圈接口连接

1 弹性密封橡胶圈的外观应光滑平整不得有气孔、裂缝、卷褶、破损、重皮等缺陷。

2 连接前，先检查橡胶圈与管材配套、完好，确认橡胶圈安放槽口的位置及插口应插入承口的深度，插口端部与承口底部间应留出的伸缩间隙，伸缩间隙的尺寸应由管材供应商提供，管材供应商无明确要求的宜为 10mm。确认插入深度后应在插口外壁做出插入深度标记；

3 连接时，应先将承口内壁及橡胶圈清理干净，并在承口内壁及插口橡胶圈上均匀涂抹润滑剂，然后将承插口断面的中心轴线对正；

4 公称直径 ≤ 400mm 的管道，可采用人工直接插入；公称直径大于 400mm 的管道，应采用机械安装，可采用 2 台专用工具将管材拉动就位，接口合拢时，管材两侧专用工具应同步拉动。橡胶密封圈安装应正确就位，不得扭曲和脱落；

7.3.4 电热熔承插连接

1 应将连接部位擦拭干净，在插口端划出插入深度标线。②当管材不圆度影响安装时，采用整圆工具进行整圆。

2 应将插口端插入承口内，至插入深度标线位置，并检查尺寸配合情况。

3 焊接参数应符合生产厂家提供的参数。⑥电熔连接冷却期间，不得移动连接件或在连接件上施加任何外力。

7.4 管道与检查井连接

7.4.1 PP–HM 排水管道与混凝土或砖砌检查井连接时，宜采用刚性连接。当 PP–HM 排水管道已敷设到位，在砌筑砖砌检

查井井壁时，宜采用现浇混凝土包封插入井壁的管端。混凝土包封的厚度不宜小于 100mm，强度等级不得低于 C20。

7.4.2 当 PP–HM 排水管道未敷设，在砌筑检查井时，应在井壁上按管道轴线标高和管径预留洞口。预留洞口内径不宜小于管材外径加 100mm。(4) 连接时用水泥砂浆填实插入管端与洞口之间缝隙。水泥砂浆的强度等级不应低于 M10，且砂浆内宜掺入微膨胀剂。砖砌井壁上的预留洞口应沿圆周砌筑砖拱圈。

7.4.3 在检查井井壁与插入管端的连接处，浇筑混凝土或填实水泥砂浆时管端圆截面不得出现扭曲变形。当管径较大时，施工时可在管端内部设置临时支撑。PP–HM 排水管道在下游出口端不宜将承口部分插入与井壁连接。

7.4.4 PP–HM 排水管道与检查井连接完毕后，必须在管端连接部位的内外井壁做防水层，并符合检查井整体抗渗漏的要求。

7.4.5 检查井与上下游管道连接段的管底超挖（挖空）部分，在 PP–HM 管道连接完成后必须立即用砂石回填，支承角按相关设计及规范要求。

7.5 管道回填

PP–HM 排水管道管基设计中心角范围内应采取中粗砂填充密实并应与管壁紧密接触，不得用土或其他材料填充。在密闭性检验前，除接头部位可外露外，管道两侧和管顶以上的回填高度不宜小于 0.5m；密闭性检验合格后，应及时回填其余部分。

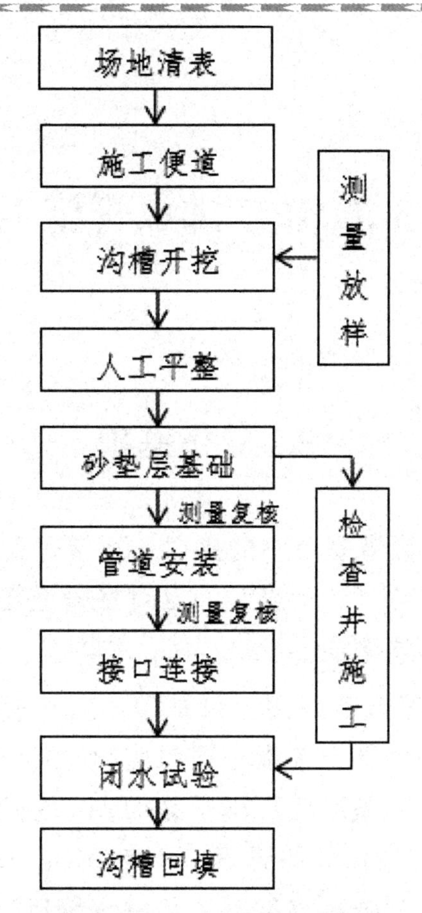

PP-HM管施工工艺流程图

8 .HDPE 排水管施工

8.1 管道基础

8.1.1 HDPE 排水管道基础中的接口、连接等部位的凹槽，宜在铺设管道时随铺随挖。凹槽的长度、宽度和深度可按管道接头尺寸确定。在接头完成后应立即用中粗砂回填密实。

8.1.2 地基处理：管道应采用土弧基础。对一般土质应在管底以下原状土地基或经回填夯实的地基上铺设一层厚度为 100mm 的中粗砂基础层；当地基土质较差时可采用铺垫厚度不小于 200mm 的砂砾基础层，也可分二层铺设，下层用粒径为 5~32mm 的碎石，厚度 100~150mm，上层铺中粗砂，厚度不小于 50mm。做法详《埋地聚乙烯排水管管道工程技术规程》CECS 164:2004。

8.2 管道铺设

8.2.1 采用承插式接口时宜人工布管且在沟槽内连续；槽深大于 3m 或管外径大于 DN400mm 的管道，宜用非金属绳索兜住管节下管，依次平衡地放在砂砾基础管位上。严禁用金绳索勾住两端管口或将管材自槽边翻滚抛入槽中。混合槽或支撑槽，可采用从槽的一端集中下管，在糟底将管材运送到位。承插口管安装，在一般情况下插口插入方面应与水流方向一致，由下游向上游依次安装。调整菅材长短时可用手锯切割，断面应垂直平整，不应有损坏。

8.2.2 采用电熔、热熔接口时，宜在槽边上将管道分段连接后以弹性铺管法移入沟槽；移入沟槽时，管道表面不得有明显的划痕。

8.2.3 管道安装不得有裂缝、破损；管道铺设平顺、稳固，管底坡度不得出现反坡。

8.3 管道连接

8.3.1 承插式密封圈连接、套筒连接、法兰连接等采用的密封件、套筒件、法兰、紧固件等配套管件，必须由管节生产厂家配套供应；热熔连接、电熔连接、焊接连接应采用专用电器设备、挤出焊接设备和工具进行施工。

8.3.2 管道连接时必须对连接部位、密封件、套筒等配件清理干净，机械连接用的钢制套筒、法兰、卡箍、螺栓等金属制品应根据现场土质并参照相关标准采取防腐措施。

8.3.3 承插式密封圈连接宜在环境温度较高时进行，插口端不宜插到承口底部，应留出不小于 10mm 的伸缩空隙。插入前应在插口端外壁做出插入深度标记；插入完毕后，插入深度和承插口周围空隙均匀，连接的管道轴线平直。

8.3.4 电熔连接、热熔连接、机械连接应在环境温度较低或接近最低时进行；电、热熔连接时对电热设备的温控、时控，挤出焊接时对焊接设备的操作等，必须严格按接头的技术指标和设备的操作程序进行；接头处应有沿管节圆周平滑对称的外翻边、内翻边应铲平。

8.4.5 橡胶圈接口连接操作

1 连接前，应先检查肢圈是否配套完好，确认肢圈安放位置及插口应插入承口的深度；

2 接口作业时，应先将承口（或插口）的内（或外）工作面用棉纱清理干净，不得有泥土等杂物，并在承口内工作面涂上润滑剂，然后立即将插口端的中心对准承口的中心轴线就位；

3 插口插入承口时，小口径管可用人力，可在管端部设置木挡板，用撬棍将被安装的管材沿着对准的轴线徐徐插入承口内，逐节依次安装。公称直径大于 DN400mm 的管道，可用缆绳系住管材用手搬葫芦等提力工具安装。

严禁采用施工机械强行推顶管子插入承口。

8.4.6 电热熔带连接操作

1 检查管道和电热熔带是否有损伤；

2 对齐管道和清除杂物；a. 通过水平杆或砂袋将要连接的管道放置在离地面 200mm~300mm 处(地基上挖有操作凹槽的可将管道直接放置在地基上)，并水平对齐；b. 用布彻底将管道的外表面和电热熔带内壁上的杂物清除干净，油类污物可用甲醇擦拭；

3 用夹钳和扣带紧固焊接片。

8.5 管道与检查井的连接

8.5.1 管道与砖砌检查井宜采用刚性连接。

8.5.2 采用中介层连接时，在管件或管材与井壁相连部位的外表面预先用粗砂做成中介层，然后用水泥砂浆灌入井壁与管道的孔隙，将孔隙填满。中介层的做法：先用毛刷或棉纱将管壁的外表面清理干净，然后均匀地涂一层塑料粘接剂，紧接着在上面撒一层干燥的粗砂，固化 10 ～ 20min, 即形成表面粗糙的中介层；

8.5.3 采用现浇混凝土圈梁加橡胶圈连接时，圈梁的混凝土强度等级不应低于 20MPa。圈梁的内径按相应管外径尺寸确定，圈梁应与井壁同厚，其中心位置必须与管道轴线对准。安装时可将自膨胀橡胶密封圈先套在管端与管子一起插入井壁；

8.5.4 对于软土地基，为防止不均匀沉降，与检查井连接的管子宜采用 0.5m–0.8m 的短管，后面宜再接一根或多根不大于 2m 的短管。

8.6 管道回填

8.6.1 安装完的管道中心线及高程调整合格后，即将管底有效支撑角范围用中粗砂或砂砾土回填密实，不得用土或其他材料回填。

8.6.2 管道系统设置的弯头、三通、变径处应采用混凝土支墩或金属卡箍拉杆等技术措施；在消火栓及闸阀的底部应加垫混凝土支墩；非锁紧型承插连接管道，每根管节应有 3 点以上的固定措施。

9. 人行道花砖铺装

9.1 工器具

砂浆搅拌机，橡胶锤，施工线，3m 直尺水泥、黄砂、花砖。

9.2 施工流程

9.2.1 提前策划，控制模数，定制半砖、三角砖、梯形砖，避免割砖。

9.2.2 基层找平、验收，垫层超过 30mm 的提前用细石砼找平。

9.2.3 砂过筛，搅拌机拌合砂浆，铺装前花砖、基层洒水湿润。

9.2.4 打墒：拉双线分段铺装标准砖，与路缘石垂直，宽度符合模数，缝宽均匀，顶面平整，坡度准确。

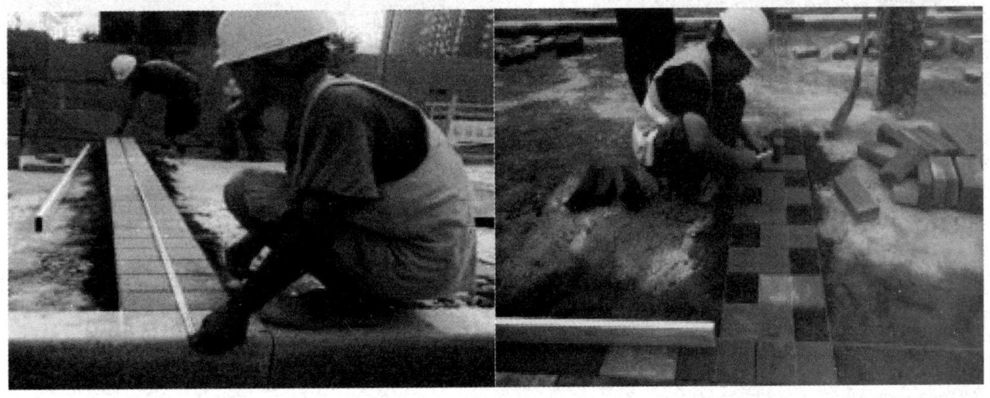

9.2.5 分段“填仓法”铺装，做到垫层密实、表面平整、纵横缝直顺。

9.2.6 根据设计图纸和《无障碍设计规范》铺装行进盲道，设置提示盲道，避让障碍物。

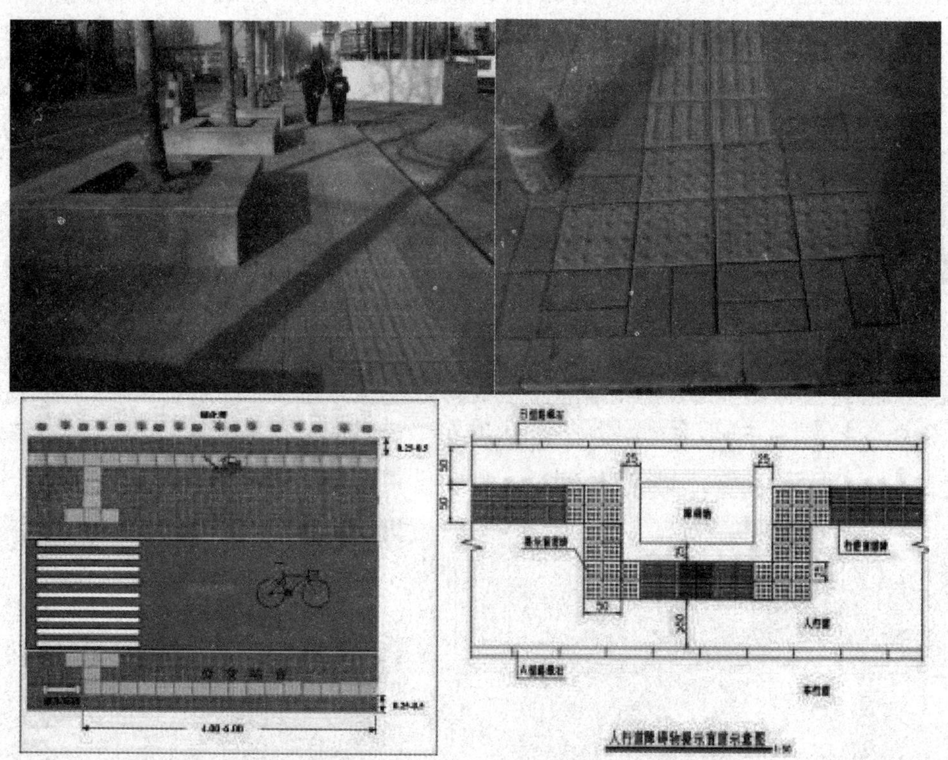

9.2.7 按设计位置铺装缘石坡道，在变坡点割断花砖，断缝直顺，过度清晰美观。

9.2.8 用薄木板制作模具（弧度板），精心切割井周花砖，检查井处也可设置隐形井盖。

9.2.9 路口曲线段铺装：根据曲线半径，均匀布置扇形区域，找准扇形内外弧中点拉线，对称割砖；转角铺装：取内外弧中点拉线，两侧对称割砖。

9.2.10 树池石尺寸与花砖铺装模数一致，安装稳固，顺接精细。

9.2.11 分段验收合格后，筛细砂扫缝 2-3 遍，直至饱满、密实，覆盖塑料薄膜或土工布养护。

9.2.12 穿带的尺寸应同两侧的花砖、盲道协调一致，整齐美观。

9.3 控制要点

基层找平、湿润，砂浆拌和，砂浆密实度，模数控制，细砂灌缝，细部处理。

9.4 质量要求

铺装平整坚实，缝线直顺，盲道连续、规范，缘石坡道标准，细部处理精致。

9.5 安全文明要求

9.5.1 移动式切割无齿锯，应配置漏电保护器，漏电保护器合格、可靠，各种机具金属外壳均需接零措施。

9.5.2 铺砌用砖应轻拿轻放，防止砖挤压手指。

9.5.3 集中拌合砂浆，避免扬尘。

10. 火烧板石材铺装

10.1 工器具

水泥，砂，水，火烧板，泡沫胶条，热沥青、水平尺，靠尺，钢卷尺，施工线，橡胶锤，小推车，铁锹，切割机，砂浆搅拌机，装载机，轨道切割机。

10.2 施工流程

10.2.1 按水泥砼路面标准浇筑基层，控制好高程和平整度。

10.2.2 机械拌合 1:2 水泥砂浆（干硬），素水泥浆提前拌制备用。

10.2.3 铺装前基层洒水保持湿润；“打墒填仓法”挂双线打墒铺装标准砖，先横墒，后纵墒。

10.2.4 “干铺湿挂法”铺装，根据虚铺厚度找平干硬砂浆，放板后敲击密实，根据板面高差再找平一遍砂浆，板背面挂浆，调整位置及缝宽，挤浆压实找平。

10.2.5 有要求时，轨道切割机割板缝，操作低速平稳，缝线均匀、直顺。

10.2.6 按要求设胀缝，填塞 15mm 泡沫胶条，沥青灌缝时采取防污染措施。

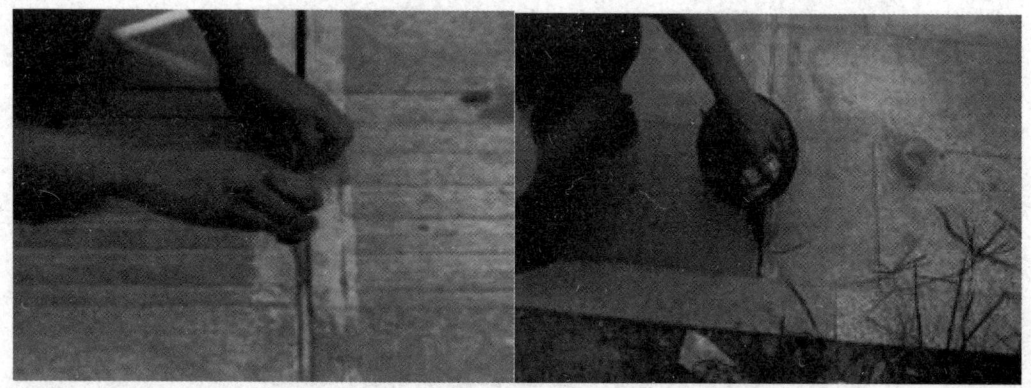

10.2.7 检查井、构筑物周边切割（采用弧度板）顺接美观，建议检查井盖可改为模数对应的矩形。

10.2.8 路口、缘石坡道应计算好路缘石及火烧板模数，尽量整模数铺装。

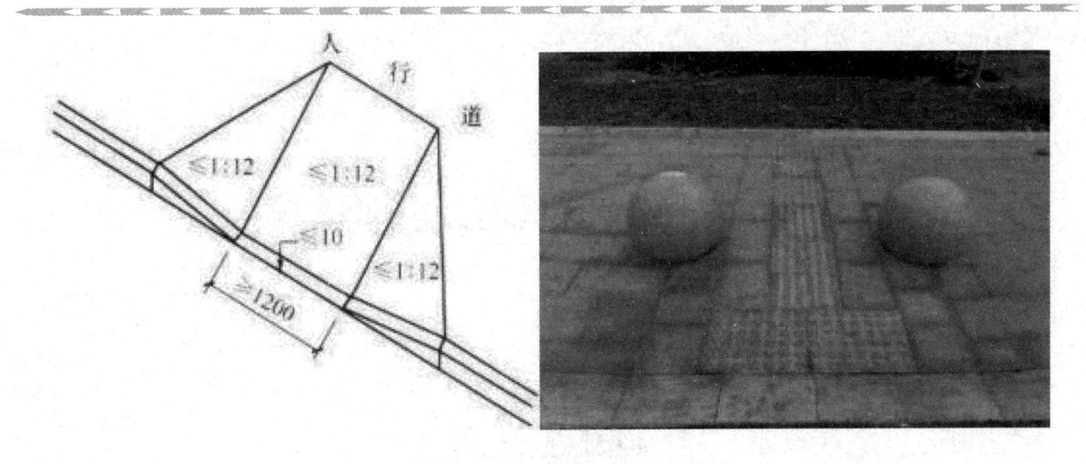

10.3 控制要点

砂浆密实度，铺装平整度，胀缝处理，构筑物周边处理。

10.4 质量要求

板材铺装平整、坚实，缝宽均匀，线形直顺，细部处理精细。

10.5 安全文明要求

10.5.1 割缝机操作人员要佩戴绝缘手套，临时放开交通的，作业区域要用围挡防护。

10.5.2 砂浆用料斗存放，不得现场拌合，工完料清，避免污染。

11. 水泥砼路面细部处理措施

11.1 工器具

商品砼、钢筋、填缝料，钢筋、井盖、井篦、沥青砼、振捣棒、磨光机、切缝机、刻纹机、振动梁、5 米铝合金杆、钢筋锯断机、提浆滚杠、圆盘式抹面机、人工拉毛齿耙、软锯缝机、摊铺机、压路机。

11.2 施工流程

11.2.1 检查井、雨水斗与砼路面顺接

1 井口开挖，检查井以盖板人孔 (井筒) 中心为圆心，直径 1700mm(人孔直径＋ 1000mm) 开挖；雨水斗外墙加 250mm 开挖。

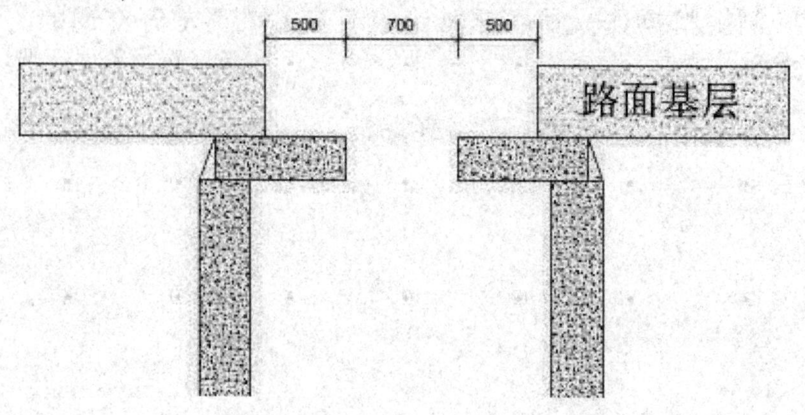

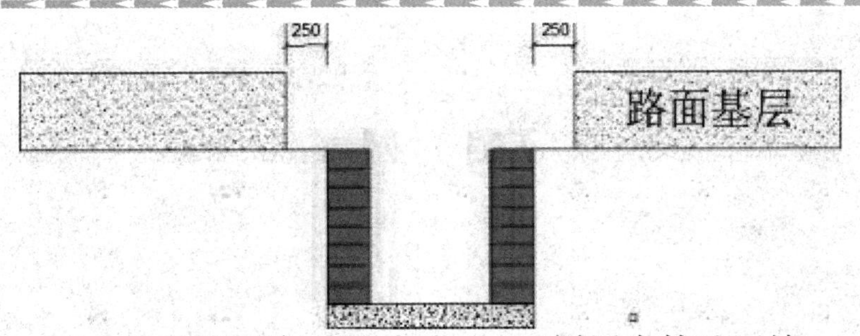

2 井筒、雨水斗砌筑至路面基层顶面，四周用自拌砼回填。

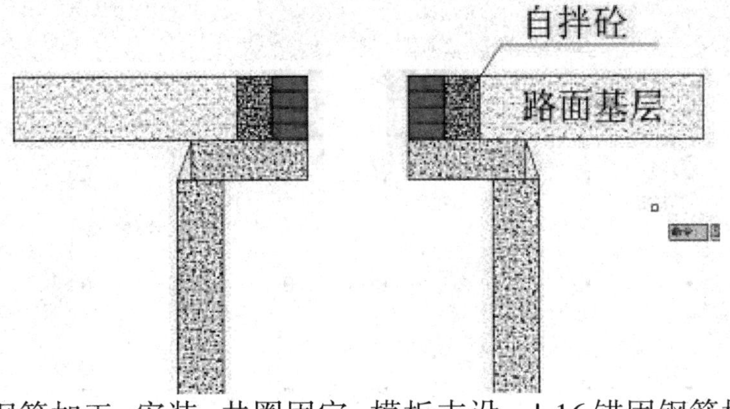

3 加固钢筋加工、安装，井圈固定，模板支设。ϕ16 锚固钢筋植入井筒(雨水斗井壁)内，井座位置、高程调整准确，与锚固钢筋焊接牢固。

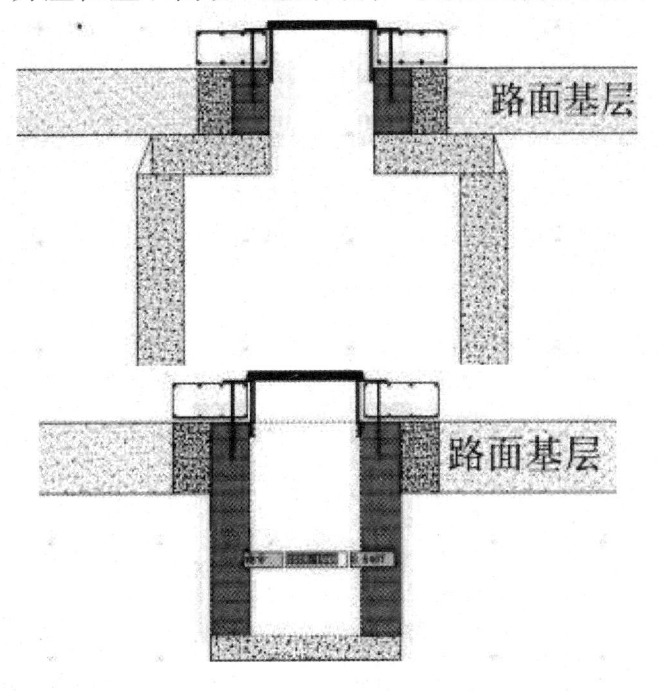

4 砼路面浇筑。

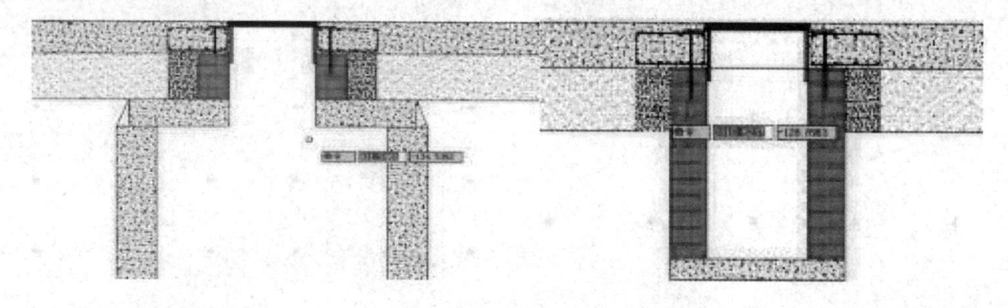

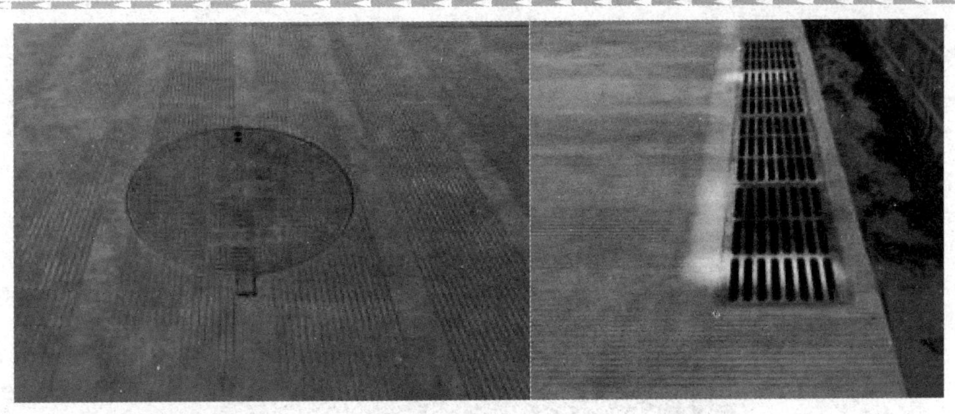

11.2.2 缩缝施工

1 根据检查井雨水斗位置，适当调整图纸板块宽度，尽量保证纵横缝距检查井盖距离不小于 100cm，纵缝两侧的横缝不得相互错位。

2 在传力杆中间位置放线，采用软切或软硬切结合切割缩缝，缝宽和缝深满足设计要求。

3 养生期满后用高压水枪将切缝冲刷干净后及时防护、灌缝。

11.2.3 抗滑构造施工

1 根据板块长度计算刻槽刀数，在砼面板弹上墨线，每一刀弹一道线。

2 按线刻槽，槽深 3–5mm，槽宽 3mm，槽间距在 12–24mm 之间随机调整。

3 检查井、雨水斗及其他边角部位采用手持锯补刻。

10.2.4 刚、柔路面衔接

1 按照衔接构造布置图，完成基层施工。

2 水泥砼路面及过渡板施工，过渡板精平后粗化处理，保证过渡板和沥青砼粘结良好。养护期间保护水泥砼板边角。

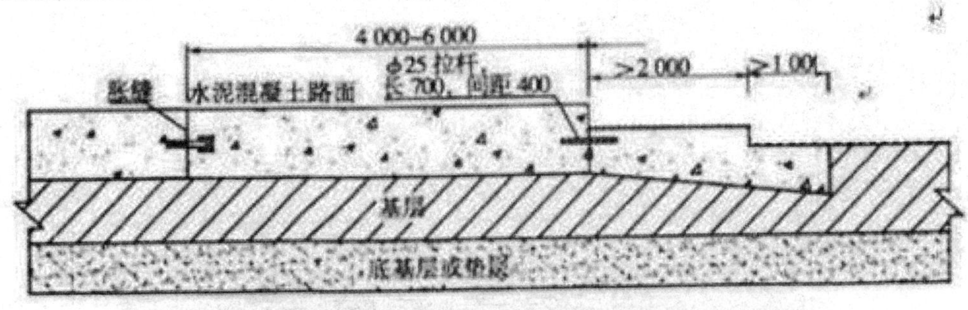

3 沥青下、中面层施工，施工前过渡板清理干净，喷洒粘层，铺设土工格栅(过渡板上满铺，基层铺设 1 米)。

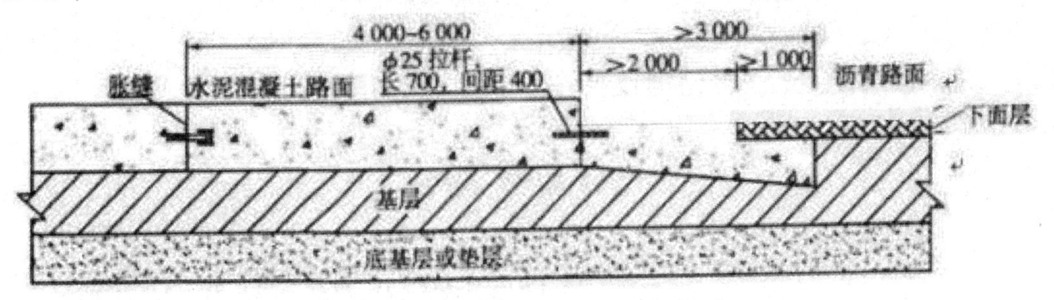

4 沥青上面层与水泥砼路面顺接平整，结合紧密。

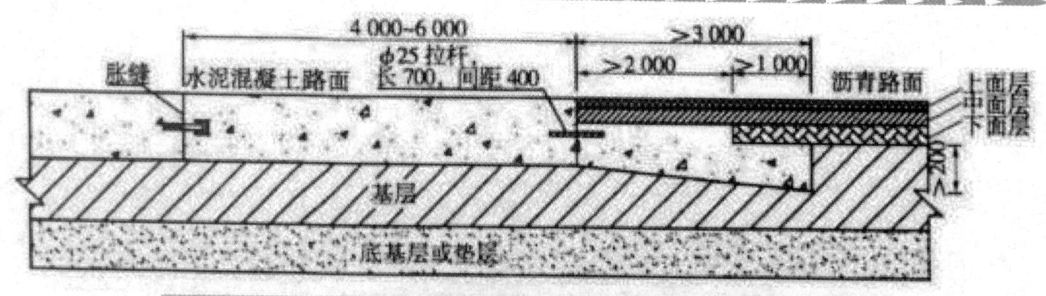

11.3 控制要点

顺接高程、板块划分、板缝冲洗、角部位补刻、成品保护、水泥砼面板与沥青砼粘结、土工格栅铺设。

11.4 质量要求

水泥砼路面线形直顺，边角清晰，细节处理精细，与沥青路面平整接顺。

11.5 安全文明要求

1. 施工时，设置围挡、隔离帽等设施进行维护和封闭作业区域。
2. 切割机必须有喷水装置，井口周围及时清理、洒水防止扬尘。

12. 市政工程资料管理

12.1 施工组织设计是指导施工准备和组织施工的全面性的技术、经济文件，是指导现场施工的纲领性文件。施工组织设计必须经上一级企业（具有法人资格）的技术负责人审批加盖公章方为有效，并须填写施工组织设计审批表（合同另有规定的，按合同要求办理）。在施工过程中发生变更时，应有变更审批手续。

12.2 施工组织设计应包括下列主要内容：1 工程概况；2、施工平面设置图；3. 施工部署和管理体系；4. 质量目标设计；5. 施工方法及技术措施；6. 安全措施；7. 文明施工措施；8. 环保措施；9. 节能、降耗措施

12.3 模板及支架、地下沟槽基坑支护、降水、施工便桥便线、构筑物顶推进、沉井、软基处理、预应力筋张拉工艺、大型构件吊运、混凝土浇筑、设备安装、管道吹洗等专项设计。施工图设计文件会审、技术交底：工程开工前，应由建设单位组织有关单位对施工图设计文件进行会审并按单位工程填写施工图设计文件会审记录。施工单位应在施工前进行施工技术交底。

12.4 材料的测试及验收资料：对按国家规定只提供技术参数的测试报告，应由使用单位的技术负责人依据有关技术标准对技术参数进行判别并签字认可。钢材使用前应按有关标准的规定，抽取试样做力学性能试验；如需焊接时，还应做可焊接性试验。沥青使用前复试的主要项目为：延度、针入度、软化点、老化、粘附性等。水泥使用前复试的主要项目为：胶砂强度、凝结时间、安定性、细度工程所使用的砂、石应按规定批量取样进行试验。试验项目一般有：筛分析、表观密度、堆积密度和紧密密度、含泥量、泥块含量：针状和片状颗粒的总含量等。结构或设计有特殊要求时，还应按要求做压碎指标值等的相应项目试验。石灰在使用前应按批量取样，检测石灰的

氧化钙和氧化镁含量。混泥土管金属管生产厂家应提供有关的强度、严密性、无损探伤的检测报告。

设计或规范有要求的预应力锚具，锚具生产厂家及施工单位应提供锚具组装件的静载锚固性能试验报告。原材料的合格证书、检验报告为复印件必须加盖供货单位印章方为有效，并注明使用工程名称、规格、数量、进场日期、经办人签名及原件存放地点。

砂浆试块强度试验资料：预应力孔道压浆每一工作班留取不少于 3 组的 70.7 mm*70.7mm*70.7mm 试件。地基需处理时，应由设计、勘察部门提出处理意见，并绘制处理的部位、尺寸、标高等示意图。处理后，应按有关规范和设计的要求，重新组织验收。

12.5 施工记录资料

桩基施工记录：桩基施工记录应附有桩位平面示意图。测量预检记录：设备安装的位置检查情况；非隐蔽管道工程的安装检查情况；补偿器预拉情况、补偿器的安装情况；支（吊）架的位置、各部位的连接方式等检查情况。油漆工程。隐蔽检查的内容应具体，结论应明确。验收手续应及时办理，不得后补。需复验的要办理复验手续。单位工程完成后，有建设工程项目负责人主持，进行单位工程质量评定，填写单位工程质量评定表。由建设工程项目负责人和项目技术负责人签字，加盖公章作为竣工验收的依据之一。市政基础设施工程功能性试验主要项目一般包括：道路工程的弯沉试验；无压力管道严密性试验；桥梁工程设计有要求的动、静载试验；水池满水试验；消化池严密性试验；压力管道的强度试验、严密性试验和通球试验等；其他施工项目如设计有要求，按规定及有关规范做使用功能试验。

12.6 设计变更资料

设计变更通知单，必须由原设计人和设计单位负责人签字并加盖设计单位印章方为有效。设计变更通知单洽谈记录应原件存档。分包工程的设计变更、洽商，有工程总包单位统一办理。凡结构形式改变、工艺改变、平面布置改变、项目改变以及其他重大改变；或虽非重大变更，但难以在原施工图上表示清楚的，应重新绘制竣工图。

12.7 竣工报告

工程竣工报告应经项目经理和施工单位有关负责人审核签字加盖单位公章，实行监理的工程，工程竣工报告必须经总监理工程师签署意见。

12.8 文件资料编排

文件资料宜按以下顺序编排：1 施工组织设计 2 施工图设计文件会审与技术交底记录 3、设计变更通知单、洽商记录 4 原材料、产品、半成品、构配件、设备出厂质量合格证书、出厂检（试）验报告和复试报告 5 施工试验资料 6、施工记录 7、测量复核及预验记录 8、隐蔽工程检查验收记录 12.9 工程质量检验评定资料 10、使用功能试验记录 11、事故报告 12、竣工测量资料 13、竣工图 14、工程竣工验收文件

附表 1：施工图设计文件会审记录

工程名称		填表人	
会审内容		日期	

序号	主要问题	处理情况
1		
2		
3		
4		
5		
6		
7		
8		
10		

施工单位： （盖章） 参加人：	监理单位： （盖章） 参加人：	设计单位： （盖章） 参加人：	建设单位： （盖章） 参加人：